Stephanie Raiser

Millionärin von nebenan

Wie erfüllt UND finanziell erfolgreich geht –
als Frau, Unternehmerin und Mutter

Stephanie Raiser

Millionärin von nebenan

Wie erfüllt UND **finanziell erfolgreich** geht – als Frau, Unternehmerin und Mutter

FBV

Bibliografische Information der Deutschen Nationalbibliothek
Die Deutsche Nationalbibliothek verzeichnet diese Publikation in der Deutschen Nationalbibliografie. Detaillierte bibliografische Daten sind im Internet über http://dnb.d-nb.de abrufbar.

Für Fragen und Anregungen
info@finanzbuchverlag.de

Originalausgabe, 1. Auflage 2021

Türkenstraße 89
80799 München
Tel.: 089 651285-0
Fax: 089 652096

Redaktion: Silke Panten
Korrektorat: Silvia Kinkel
Umschlaggestaltung: Marc-Torben Fischer
Umschlagabbildung: Christine Bukenberger
Satz: ZeroSoft, Timisoara
Druck: CPI books GmbH, Leck
Printed in Germany

ISBN Print 978-3-95972-439-5
ISBN E-Book (PDF) 978-3-96092-826-3
ISBN E-Book (EPUB, Mobi) 978-3-96092-827-0

INHALT

Dieses Buch ist meinen beziehungsweise allen Kindern sowie allen nachfolgenden Generationen gewidmet.
Und dir – als ersten Schritt der Veränderung.
Auf dass sich jeder von uns aufmacht, ein Leben auch in finanzieller Fülle zu leben.
Auf dass wir selbst mutig sind, neu und anders zu denken.
Und andere darin unterstützen, dasselbe zu tun.
Mehr und mehr mit jeder Generation.

VORWORT
VON DIRK KREUTER

Aus Angst, zu weit zu gehen, gehen wir oft nicht weit genug.

DIRK KREUTER

Respekt. Respekt, Stephanie Raiser. Diese Geschichte liest sich einfach zu gut. Und wenn ich als Europas erfolgreichster Verkaufstrainer das nach zehntausenden von Kunden sage, dann könnte es etwas bedeuten.

Stephanie beeindruckt mich immer wieder und zieht mich mit ihrer Art zu denken in ihren Bann. Ich meine, wie schafft man es sonst von der Heilpraktikerin zur Kundengewinnungsmaschine mit Multimillionen-Business?

Das »grenzenlose« Vorstellungsvermögen und die grundpositive Einstellung wider jegliche Erfahrungen, die Stephanie innehat, bringt auch mich immer zum Umdenken und dazu, meine Ziele noch ein Stück weiter nach oben zu setzen.

Bevor ich Stephanie das erste Mal begegnete, habe ich nur durch mein Team von ihren unglaublichen Ergebnissen gehört – und ich wollte mir selbst ein Bild machen. Ich wollte mich selbst davon überzeugen, ob das wirklich alles wahr sein kann. Und Stephanie hat mich überzeugt. Mehr als das. Sie hat mich begeistert.

Wenn sie etwas macht, dann richtig.

Ich persönlich verwende zwar weniger die Worte »Universum« und »Manifestieren«, aber Stephanie macht selbst diese Themen für jeden greifbar, verständlich und umsetzbar.

Ihre völlig neuen Ansätze speziell zu den Bereichen Verkaufen und Kundengewinnung sind ein Game Changer, besonders für Frauen. Und das sage ich als Europas erfolgreichster Verkaufstrainer.

Stephanie ist bodenständig und greifbar. Gepaart mit unendlich viel Fachwissen und Erfahrung ist sie ein Muss für alle ambitionierten Frauen, Unternehmerinnen und die, die es werden wollen.

Millionärin von nebenan – besser könnte man Stephanie nicht beschreiben. Daher meine klare Empfehlung an dich als Leserin dieses Buches: Hör auf diese Frau und setz genau das um, was sie sagt.

Ich wünsche dir extrem viel Spaß mit diesem Buch, das dich motivieren, an manchen Stellen sicherlich auch provozieren, dir aber vor allem einen völlig neuen Weg zu einem erfüllten und finanziell erfolgreichen Leben aufzeigen wird.

In diesem Sinne – »Fette Beute«!

Dein Dirk Kreuter
Europas bekanntester und erfolgreichster Verkaufstrainer, Speaker of the Year, Trainer des Jahres

EINLEITUNG

Es erscheint immer unmöglich, bis es vollbracht ist.

NELSON MANDELA

Ich bin eigentlich kein Freund von Kalendersprüchen, wie es auch das oben genannte Zitat einer sein könnte. Ich bin kein Fan von Allerweltswahrheiten, die Social Media überschwemmen. Es steckt zwar wahnsinnig viel Wahrheit drin. Aber sie in ihrer Essenz zu verstehen und so mutig zu sein, danach wirklich zu handeln? Das machen wohl die wenigsten.

Und genau zu diesen »wenigsten« habe ich bis Anfang 2018 auch gehört. Ich dachte stets: »Dieses ganze Mindset- und Positiv-Denken-Zeugs – davon bezahlen sich auch keine Rechnungen!« Allgemein war ich eher der Typ »neutral-negativ« und war oft der Überzeugung: Ich weiß es besser.

Bis zum 13. April 2018. Unser Hausumbau in Eigenregie wuchs meinem Partner und mir hinsichtlich Kosten und Aufwand seit Monaten völlig über den Kopf. Es *musste* mehr Geld her, um Handwerker bezahlen zu können. Sonst bräuchten wir bald kein *gemeinsames* Haus mehr.

Abgesehen davon spürte ich, dass ich als Heilpraktikerin mehr Potenzial hatte. Ich spürte, dass ich mehr konnte und das gerne in mehr Geld honoriert gesehen hätte. Ich wollte mich nicht länger mit drei bis fünf Patienten die Woche abgeben. Da allerdings hörte mein (Besser-)Wissen leider auf, denn gefühlt hatte ich alles gemacht, was mir marketingmäßig bekannt war. Und trotzdem kamen nicht mehr Kunden.

Ich wollte Mama sein *und* arbeiten. Und ich wollte mich dafür nicht schlecht fühlen. Ich wollte eine sinnvolle Arbeit machen und ein Mehrwert für viele Menschen sein. Ich wollte erfolgreich sein. Obgleich ich damals noch eine *etwas* andere Definition von Erfolg hatte.

Groß zu träumen, hatte ich nie gelernt. Ich gehöre auch nicht zu jenen, die im Nachhinein feststellen, dass sie schon immer zu Größerem bestimmt waren, eine Connection zum Universum oder ein verborgenes Talent hatten und ihre Wünsche sich immer auf magische Weise erfüllt hatten. Oder dass sie eigentlich schon immer gut mit Geld und Menschen konnten und dass sich das jetzt auch endlich beruflich zeigen würde.

Nein – ich war das pummelige, strebsame und sparsame Mädchen, das ihre Selbstzweifel mit Arroganz kompensierte. Das Spießigsein zum Ziel hatte, nur wenige Menschen an sich ranließ und Selbstdarstellung hasste.

Und heute? Heute bin ich omnipräsent in Social Media, führe ein Multimillionen-Unternehmen, das ich selbst gegründet habe, lebe in meinem Hofgut südlich von München, fahre Autos im Wert von Eigentumswohnungen, mache an den schönsten Orten der Welt Urlaub und habe Hunderte von zufriedenen Kunden. Ich habe es extra provokant formuliert, denn mein früheres Ich hätte mir das selbst nie geglaubt oder zugetraut. »Von der Heilpraktikerin zur Millionärin« – das gibt's doch nur im Fernsehen. Denn vor 2018 war mein Leben so normal wie das der meisten Menschen, schätze ich. Mein Papa war Arbeiter und Alleinverdiener, da meine Mama zu Hause war und sich ganz um mich und meine ältere Schwester kümmerte. Viel Geld war nicht da, was ich als Kind mit einer glücklichen Kindheit allerdings nie gespürt hatte. Einmal im Jahr Urlaub in einer Pension im Tannheimer Tal war das, was ich kannte und liebte. Zweimal im Jahr Urlaub? Im Flugzeug? Das machen nur die Superreichen.

In den Schulferien hatte ich einen Ferienjob am Fließband und am Wochenende arbeitete ich im Kino. Alles Geld, das ich so verdiente, wurde gespart. Schon immer. Und ich rührte es auch *niemals* an. Es war schließlich für die Rente gedacht. Sicherheit first.

Ich liebte es, spießig und konservativ zu sein. Es war so schön sicher, bekannt, komfortabel. Wäre unser Hausumbau finanziell nicht völlig aus dem Ruder gelaufen – ich hätte keinen Grund gesehen, mich zu verändern. Persönliches Potenzial und innere Unzufriedenheit hin oder her: Sicherheit geht vor.

Menschen verändern sich immer aus zwei Gründen: Pain or Gain. Entweder es schmerzt sie an einer bestimmten Stelle ihres Lebens (zum Beispiel Krankheit, das Ende einer Beziehung oder eine Kündigung) oder sie haben ein klares Ziel vor Augen, das sie endlich motiviert, sich zu verändern. Bei mir war es definitiv der Schmerz (Pain) in Form von finanziellem Druck. Der plötzlich so stark war, dass ich tatsächlich meine Spießigkeit und mein Sicherheitsbedürfnis überdachte und *völlig* neue Wege ging.

Meine Empfehlung an dieser Stelle: Man *muss* nicht so lange warten! Wäre mir dieses Buch hier Anfang 2018 begegnet, hätte ich es sicher wieder kopfschüttelnd und leicht überheblich zurück ins Regal gestellt. Ich hätte mir gedacht: »Ungefähr genauso wahrscheinlich wie *Schlank im Schlaf*, »Wenn's so einfach wäre, dann würde es ja jeder machen.« oder »Geld allein macht auch nicht glücklich.« Ich hätte ein Buch wie dieses *sicherlich* nicht bis zum Ende gelesen.

Ich wünsche mir für dich, dass du schlauer und offener bist als mein damaliges Ich. Denn die Prinzipien und neuen Denk- und Handlungsansätze in diesem Buch haben nicht nur bei mir gewirkt, sondern auch Hunderten von Kunden zu mehr Erfolg und Leichtigkeit in ihrem Beruf, ihren Finanzen, Beziehungen, Familien und bei ihrer Gesundheit verholfen. An der einen oder anderen Stelle in diesem Buch wirst du vielleicht denken: »Das kann nicht sein.« Vielleicht wirst du plötzlich das Gefühl haben, dass in deinem Leben irgendwas gravierend falsch läuft. Vielleicht willst du das Buch weglegen und vergessen, weil es andernfalls bedeuten würde, dass du Bestehendes auf den Prüfstand stellen und tatsächlich etwas in deinem Leben verändern musst. Unser Unterbewusstsein mag Veränderungen nicht. Sie sind viel zu anstrengend.

Ich empfehle dir dennoch: Bleib dran. Halte durch. Öffne dich. Warum? Ich lehne mich einmal ein wenig aus dem Fenster und behaupte: Weil du eh schon weißt, dass du mehr willst und mehr kannst. Schließlich hältst du dieses Buch bereits in den Händen. Und dieses Buch wird dir neue Perspektiven, Denkanstöße, Brücken und Abkürzungen bieten.

Lass uns dein Unterbewusstsein mit ganz viel Humor und Kontinuität mit auf die Reise der Veränderung nehmen.

ALLES IN DIESEM BUCH FUNKTIONIERT – WENN DU ES UMSETZT

Sie müssen ihre Träume mit der Beharrlichkeit einer Cheerleaderin verfolgen, die eine Woche vor dem Abschlussball noch ohne Tanzpartner dasteht.

JEN SINCERO

Du kannst alles erreichen, was dir wichtig ist. Und das ist kein Kalenderspruch. Es ist wahr. Das zu erreichen, was dir wichtig ist, erfordert weder Talent noch spezielle Fähigkeiten, sondern primär Mut und Durchhaltevermögen. Erst im neuen Denken. Später im neuen Handeln.

Vielleicht kann es sein, dass du dafür Ängste überwinden und Dinge denken und machen musst, die du bis vor Kurzem noch für unmöglich, unangenehm oder nicht schaffbar gehalten hast. Vielleicht finden Freunde oder Familie deine neuen Denkansätze erstmal nicht so wirklich gut – um nicht zu sagen vermessen, unverschämt, egoistisch und größenwahnsinnig. Vielleicht geben dir einige Menschen in deinem Umfeld gut gemeinte Ratschläge, wollen nur dein Bestes, machen dir Vorwürfe oder ein schlechtes Gewissen. Vielleicht kollidiert dein neues Denken mit all dem, was du von deiner Familie, deinen Freunden, unserer Gesellschaft und unserer Kultur mitgegeben bekommen hast.

Dieses bisherige Denken ist nicht falsch. Es nicht nur nicht *frei gewählt*. Es ist anerzogen. Man macht es halt so. Weil es schon immer so war. In den meisten Fällen bist du wahrscheinlich noch nicht mal darauf gekommen, dass es überhaupt die Möglichkeit gäbe, diese Dinge zu hinterfragen.

Das Gute ist: Genau diese Gefühle und Gedanken zeigen dir, dass du auf einem ziemlich guten Weg bist, dir deine eigene Meinung zu bilden. Deine Werte neu zu überprüfen. Dir ein Leben zu gestalten, das vielleicht nicht für alle, dafür aber für dich verdammt ambitioniert und großartig ist.

SEI UNVOREINGENOMMEN – ODER LASS ES LIEBER

Dieses Buch wird sicher an der einen oder anderen Stelle unbequem. Du wirst mir manchmal nicht glauben. Es zu anstrengend finden. Zu provokant. Und du wirst Beweise finden, dass es bei dir anders ist und nicht geht. Und das ist okay. Solange du immer wieder zu einer neutralen Offenheit zurückkommst und deine Reaktion nicht auf mich oder auf das Buch zurückführst, sondern wahrnimmst, dass frei und neu zu denken manchmal vielleicht einfach doch ungewohnter ist als gedacht.

Wenn die Themen Mindset, Manifestieren, Geld, Persönlichkeitsentwicklung und so weiter für dich noch völlig neu sind, hoffe ich, dass dir ganz viele meiner Geschichten und Erlebnisse Mut geben, etwas zu verändern, und mehr für dich, deinen Beruf, deine Familie und dein Einkommen für möglich zu halten und anzustreben. Ich wünsche mir, dass es dich inspiriert und dass es dir eine Abkürzung ist. Auf dass dir das Umdenken viiiiel leichter fällt als mir.

Wenn dir vieles schon bekannt ist, hoffe ich für dich, dass du ins Umsetzen kommst, um nicht nur in der Theorie, im Kopf und im Herzen Millionärin zu sein, sondern auch im realen Leben.

GEHT'S JETZT NUR NOCH UM GELD?

Und was wäre, wenn? In diesem Buch geht es definitiv um Geld. Um viel Geld. Um für mich bis 2018 unvorstellbar viel Geld. Doch besonders geht es darum, Geld neu zu denken, Geld in ein positives Licht zu rücken und es mehr als erstrebenswert zu machen, reich zu sein.

Es gibt keine Grenzen für das, was wir als Frauen erreichen können.

MICHELLE OBAMA

Das Leben von uns Frauen besteht – ohne dass wir uns dessen wirklich bewusst sind – oft aus tausend Entweder-oder. Wir müssen uns entscheiden: Entweder viel Geld alias Karriere *oder* Kinder. Entweder viel Geld *oder* ein Beruf, der glücklich und erfüllt macht. Entweder viel Geld *oder* Zeit für sich. Entweder viel Geld *oder* eine glückliche Beziehung. Von Gesundheit, Glück und Zufriedenheit mal ganz zu schweigen.

Ich rede nicht davon, dass ein bisschen positiv denken reicht und dir dann alles in den Schoß fällt. Aber ich rede davon, dass es lange nicht so unmöglich ist, wie es uns immer gesagt wird. Dass es in dem Moment möglich ist, wo *du* es möglich machst.

Es ist (mir) egal, wo du gerade in deinem Leben stehst. Du hast die Zeit und das Geld für dieses Buch aufgebracht – das zeigt mir, dass du bereit für etwas Neues bist. Das ist bereits der erste Schritt, auf den du stolz sein darfst. Denn sich selbst zu reflektieren, bereit zu sein, Bestehendes zu hinterfragen und Neues zu denken – das macht nicht jeder. Noch weniger machen es Frauen, wenn es um Geld und beruflichen Erfolg geht.

Aber wir Frauen – und besonders auch unsere Kinder – brauchen smarte Menschen mit Herz und Verstand, die Veränderung zum Besseren wollen. Die Fähigkeiten, Pläne und Ideen mit Mehrwert haben. Wir brauchen Menschen, die sich aus sich heraus geliebt fühlen, und das weitergeben. Menschen, die Verantwortung übernehmen und damit ihre Unzufriedenheit weder an sich selbst noch an anderen Menschen, Tieren oder unserer Natur auslassen.

Genau das ist es wert: Jedes Kind, das zukünftig auch nur einmal mehr hört, dass Geld gut ist und Möglichkeiten schafft. Jedes Kind, das einmal mehr das Gefühl vermittelt bekommt, genug zu sein, statt Leistung erbringen zu müssen. Jedes Kind, das auch nur einmal mehr darin bestärkt wird, Spaß, Leidenschaft und Möglichkeiten über enges Sicherheitsdenken zu stellen. All das ist es wert. Erwachsene sind übrigens auch nur ältere Kinder, denen diese neuen (Glaubens-)Sätze extrem guttun.

WIE DU DIESES BUCH AM BESTEN LIEST

Jeder lernt anders. Du kannst dieses Buch komplett durchlesen oder zu den Kapiteln springen, die dich am meisten ansprechen. Ich empfehle dir, es einmal durchzulesen und dir die Stellen zu markieren, die dir wichtig sind.

Wenn du wirklich etwas von diesem Buch haben willst, schreib dir die Dinge, die dich in irgendeiner Weise ansprechen, heraus und leite daraus ab, was du davon in deinem Leben umsetzen willst.

Vielleicht kennst du schon einiges, was in diesem Buch steht. Das wäre natürlich großartig. Dann brauchst du nur noch für dich überprüfen, wie konsequent deine aktuelle Umsetzungsrate ist, und diese gegebenenfalls nach oben korrigieren.

Ich habe früher 40 und mehr Diätbücher besessen. Seltsamerweise haben sie, wie sie da so hübsch in meinem Regal standen, keine Auswirkung auf meine Figur gehabt. Ich weiß nicht, ob du dieses Phänomen auch auf dein Leben übertragen kannst.

Was ich damit sagen will, ist: Der Erfolg kommt nicht vom Lesen, sondern vom Umsetzen. Am Anfang hast du vielleicht eine Erleuchtung nach der anderen, bist voller Tatendrang und Motivation. Bis andere Gefühle hochkommen. Bis schnelle Erfolge ausbleiben. Bis Beharrlichkeit Motivation ersetzen müsste.

Schenke dieses Buch als gemeinsames Arbeitsbuch auch Freunden und Bekannten. Setzt euch gemeinsam Ziele und schafft dadurch Verbindlichkeit. Oder du buchst einen weiterführenden Kurs. Was auch immer für dich funktioniert – alles ist erlaubt, solange du aktiv wirst.

EIN WICHTIGER HINWEIS

Dein bisheriges Denken, Fühlen und Handeln sind nicht über Nacht entstanden. Und du bist auch nicht die Einzige damit, das heißt, du bist in ein mehr oder minder gleichdenkendes, -fühlendes und -handelndes Umfeld eingebettet. Jede Veränderung beginnt zunächst mit einem Initialwiderstand, wie ich es nenne. Er macht es schwer, diese Muster und Gewohnheiten zu durchbrechen und durch neue zu ersetzen.

Wenn dein innerer Dialog also plötzlich ziemlich laut wird, ist das okay. Wenn dein bisheriges Einkommen, der bisherige Job, das bisherige Leben auf einmal wieder völlig okay und zufriedenstellend erscheinen, dass du gar nicht mehr verstehen kannst, wie du ursprünglich mal was verändern wolltest – dann atme erst einmal durch.

Erlaube dir, schrittweise besser zu werden. Jeden Tag ein wenig. Setz dich nicht unter diesen perfektionistischen Druck, direkt ohne Übung auf Platz 1 zu hüpfen und alles darunter einer absoluten Katastrophe gleichzusetzen. Das sagt sich so leicht – ich weiß. Ich weiß aber auch, wie schnell und leicht es geht, wenn man sich diesem Initialwiderstand konsequent stellt. Ein neues Denken zu lernen ist genauso, wie eine neue Sprache, eine neue Sportart oder ein neues Musikinstrument zu lernen. Auch bei größter Motivation gibt es zwischendrin das Bedürfnis, einfach hinzuschmeißen. Wenn du dranbleibst, wirst du den Unterschied machen. Wirst du Erfolg haben. Ganz sicher.

Du wirst das erreichen, was du *wirklich* willst. Kennst du diese Menschen, die sich nie binden wollten und auch jedem erzählt haben, wie sehr sie ihre Freiheit lieben? Und dann treffen sie Mister oder Misses Right und sind schneller verheiratet und werdende Eltern als du bis drei zählen kannst. Genau so wird es bei dir und deinem finanziellen Erfolg sein. Es braucht nur den richtigen Impuls.

> *Wir hören dann mit den Ausreden auf,*
> *wenn es uns wirklich wichtig ist.*
>
> Stephanie Raiser

Erfüllender und finanzieller Reichtum ist genauso erlernbar wie ein Instrument oder eine Sportart. Ist das manchmal zäh? Ja. Wird es besser, wenn du das Instrument oder die Sportart wechselst? Nein. Du fängst nur wieder von vorne an. Mach dir immer wieder bewusst, dass dich nur das Erlernen und die Umsetzung bestimmter Denkweisen und Fähigkeiten davon trennen, die nächste Millionärin von nebenan zu sein.

Hab' Geduld und Nachsicht mit dir. Bleib dran. Fang nicht wieder was Neues an. Gib nicht auf. Du *wirst* den Durchbruch erleben. Die Prinzipien funktionieren immer.

Und jetzt lass uns starten.

TEIL I
RAUS AUS DER KOMFORTZONE

1
DIE BITTERE WAHRHEIT
ODER: TOP AUSGEBILDET UND TROTZDEM KEINE KUNDEN

Wer ständig glücklich sein möchte, muss sich oft verändern.

Konfuzius

Bei uns war alles ganz normal. Damit hatte ich als gebürtige und schön angepasste Schwäbin definitiv schon mein Ziel erreicht. Kennst du noch die Sparkassenwerbung mit dem Hippie-Papa und der Tochter, die einen Spießer-Bausparvertrag abschließt? Das hätte ich sein können. Lebensziel: spießig sein. Mit Familie, zwei Kindern, Eigenheim et cetera. Was will frau mehr?

Was leider darüber hinaus noch normal war, war, dass ich zwar Arbeit ohne Ende hatte, dafür aber Geld mit Ende. Wir beschlossen daher, unser Haus in Eigenleistung umzubauen – mein Partner Lukas neben seiner Vollzeitstelle, ich neben den Kids (die zu der Zeit eineinhalb und dreieinhalb Jahre alt waren) und meiner Teilzeit-Selbstständigkeit als Heilpraktikerin.

Wir bauten jeden Abend und jedes Wochenende. Jedes. Aber egal, wie viel wir selbst machten – und wir haben *viel* selbst gemacht –, es wurde immer teurer. Irgendwann waren wir bei 80.000 Euro über Budget. Und damit bei gefühlt 80.000 Gründen, aneinander zu rasseln. Lukas und ich lagen uns ständig in den Haaren. Wegen Geld. Wegen Zeit. Wegen Überarbeitung.

Irgendwann sagte meine damalige Mentorin und ebenfalls Heilpraktikerin mal zu mir: »Stephanie, wenn du so weitermachst, dann braucht ihr bald kein gemeinsames Haus mehr. Wenn ihr euch weiter so kaputtarbeitet und ständig streitet, weil es an allen Ecken und Enden zu wenig ist, dann seid ihr bald nicht mehr zusammen.«

Mist. Das saß.

Es musste also mehr Geld her. Um nicht mehr so viel selbst zu machen, sondern um Handwerker bezahlen zu können. Das war mein Traum. Mir Handwerker leisten zu können. Und endlich mal wieder samstags freizuhaben. Ich konnte mich damals nicht mal mehr daran erinnern, wann ich das letzte Mal auch nur einen halben Samstag freigehabt hatte.

Aber was sollte ich denn bitte noch machen, um mehr Geld zu verdienen? Wie konnte ich mein Wissen zu Geld machen? Wie konnte ich BodyTalk – diese großartige, ganzheitliche und energetische Methode, mit der ich als Heilpraktikerin arbeitete und die mich von meinem Heuschnupfen und zig Allergien befreit hatte – in die Welt hinausbringen und dafür Anerkennung in der Form bekommen, mit der ich Handwerker bezahlen konnte? Schließlich hatte ich eine Topausbildung. Die musste doch zu irgendetwas gut sein?

Aber spulen wir mal kurz zurück: Wenn ich mich recht erinnere, fing diese Topausbildung 2009 an. Da ging es so richtig los mit meinen Fortbildungen im Bereich der komplementären und alternativen Heilmedizin. Das Interesse lag mir quasi im Blut, denn bereits mit einem Jahr hatte ich Neurodermitis am ganzen Körper und diverse Lebensmittelallergien. Mit vier Jahren kamen Allergien gegen sämtliche Tiere dazu. Okay – nicht gegen Fische, dafür gegen Fischfutter. Kein Kommentar ...

Mit sieben Jahren stockte ich auf um Heuschnupfen (von Anfang Februar bis Ende September) und finalisierte das Ganze mit elf Jahren, als ich an Belastungsasthma erkrankte und gegen Hausstaub, Milben und eigentlich alles, was so durch die Luft fliegt, allergisch war. Das Übliche eben. Eine »typische Allergikerentwicklung« hatte ein Arzt mal zu mir gesagt. Danke für die Info.

Heute kann ich das mit Humor nehmen. Früher war es überhaupt nicht lustig. Ich wurde wegen meiner Neurodermitis ständig gehänselt. Ich habe draußen und im Sand immer nur mit Stoffhandschuhen gespielt, weil meine Hände einfach immer offene Hautstellen hatten. Meine halbe Kindheit habe ich Frühling und Sommer mit heruntergefahrenem Rollladen in meinem Zimmer verbracht, weil ich es durch den Heuschnupfen anders nicht ausgehalten habe. Meine Teenagerzeit über habe ich mich jahrelang gegen den Heuschnupfen desensibilisieren lassen. Was leider nichts gebracht hat, sodass ich danach jedes Jahr eine Depot-Kortisonspritze bekommen habe, um die Pollenzeit zumindest halbwegs auszuhalten. Zum Glück wussten wir damals alle noch nicht, dass das nicht so eine Riesenidee war. Sonst hätten wir es wahrscheinlich nicht gemacht und es wäre noch unaushaltbarer gewesen.

Das alles hat nicht wirklich zu einem bombastischen Selbstbewusstsein beitragen. So futterte ich mir über die Jahre kontinuierlich mehr und mehr Frustpölsterchen an. Mit Mitte Zwanzig hatte ich schließlich 20 Kilo Übergewicht und war esssüchtig. Die Geschichte reicht für ein zweites Buch.

Mit dreizehn hatte ich meine erste Diät begonnen und seitdem nicht mehr aufgehört. So auch während meiner BWL-Diplomarbeit in Berlin im Jahr 2006. Ich stieß auf eine Frau, die mit der Ernährungsmethode Metabolic Balance arbeitete. Und mit Psycho-Kinesiologie. Was sie damals genau gemacht hat? Ich hatte keinen Plan. Sie hat auf ein paar Punkten auf meinem Körper herumgeklopft, mich ein paar Sachen zu meiner Familie gefragt, und auf einmal war mein Heuschnupfen weg! WEG! W-E-G! Das, weswegen ich mir jedes Jahr habe Kortison spritzen lassen! Das, weswegen ich meine halbe Kindheit in geschlossenen Räumen verbracht hatte! WEG!

Abgenommen hatte ich nicht. Diese Reise war also noch nicht zu Ende. Aber damals war mir sofort klar: Das muss ich auch lernen und der ganzen Welt erzählen!

Bis 2009 hat es dann noch gedauert, bis ich meinen Plan in die Tat umsetzte. Ich besuchte unzählige Fortbildungen und blühte richtig auf: Angefangen mit Psycho-Kinesiologie, dann eine energetische Methode namens BodyTalk. Weiter ging es mit Traditioneller Chinesischer Medizin, Chakren-Arbeit, systemischer Arbeit, Familienaufstellungen, Biogenetik, Epigenetik, Reiki, bioidentischen Hormonen, Ohr-Akupunktur, Akupressur, der 2-Punkt-Methode, Quantenheilung, Heilige Geometrie, Astrologie, Meridiane und, und, und. Der Ordner mit meinen Teilnahmezertifikaten quoll quasi über. Ich war kein Wissensriese – ich war ein Wissensgigant!

2015 ging ich noch einen Schritt weiter: Mit 9 Monate altem Stillkind begann ich die Intensiv-Ausbildung zur Heilpraktikerin in nur 10 Monaten. Hochschwanger mit Kind Nummer zwei schloss ich die Ausbildung im Frühjahr 2016 erfolgreich ab.

In Summe investierte ich so zwischen 20.000 und 25.000 Euro in meine ganze Ausbildung von 2009 bis 2016.

Und hier war mein Studium in BWL, Fachrichtung Marketing, noch gar nicht eingerechnet. Also wenn *meine* Selbstständigkeit nicht von Anfang an hätte brummen müssen – wessen bitte dann?!

Ich ging strategisch vor: Was braucht man alles? Ah, ja, eine eigene Website? Check! Noch dazu ein hübsches Logo plus Visitenkarte und Flyer? Ganz wichtig. Außerdem neue Flyer zu jeder Jahreszeit und anlassbezogen zu Weihnachten, zu Ostern, zum Muttertag, zum Vatertag und überhaupt. Dazu trug ich mich auf allen möglichen Heilpraktikerportalen ein, investierte sogar 100 Euro monatlich in SEO! Suchmaschinenoptimierung. Ich meinte es wirklich *richtig* ernst mit meiner Selbstständigkeit. 100 Euro waren für mich damals *sehr* viel Geld.

Ich arbeitete. Ich machte ständig irgendwas. Aktualisierte irgendwas. Hatte irgendeine neue Idee. Es gab immer irgendwas zu optimieren. Ich war rund um die Uhr beschäftigt. Entweder mit meinem Marketing oder mit Lernen oder mit noch mehr Ausbildungen. Ich wusste: Wenn ich nur genug in mich investierte und hart genug arbeitete, DANN kommen die Leute. Ganz sicher!

Bis dato kamen sie nämlich leider noch nicht. Zumindest nicht in Scharen – so wie es meinem Wissen, meiner Kompetenz, meinem Engagement und meinem Wert angemessen gewesen wäre. Nein, bis dato kamen etwa 1.500 Euro monatlich bei rum. Vor Kosten und Steuern. Das reichte maximal als nettes Zubrot zu Lukas' Festangestelltengehalt.

Doch war ich dafür angetreten? Wohl kaum. Weder vom Gehalt her noch vom Können her. Und mal unter uns: Ich hatte nicht vor, finanziell abhängig von irgendwem zu sein. Lukas war das zwar völlig egal. Aber mir nicht. Das passte mit meinem Ego nicht zusammen. Zudem kam ich aus einem Angestelltenverhältnis mit einem Bruttojahreseinkommen von etwa

55.000 Euro. Das musste mindestens wieder drin sein, sagte ich mir. So wie es aktuell lief, hatte ich mir das nicht vorgestellt. Ich war vollgepumpt mit Kompetenz und sollte mich dann in die Mittelmäßigkeit, in die Nebentätigkeit verabschieden? Nein! Ich wollte eine volle Heilpraktikerpraxis führen. Ich arbeitete zwar *mit* Spaß als Heilpraktikerin, aber ich machte es nicht *zum* Spaß. Für mich war das nicht nur ein Hobby. Es war eine Berufung.

Wieso lief es nicht? Ich hatte und machte doch alles, was ich im Studium gelernt hatte! Was »man« so macht. Was konnte ich noch tun, damit Kunden kommen? Ich war ratlos und entsprechend frustriert. Mehr als ich tat, ging ja wohl kaum.

Gut, ich hätte netzwerken und Vorträge halten können, doch das hasste ich. Zum einen wollte ich mich nicht präsentieren, »anbiedern« und verkaufen. Zum anderen hatte ich das Vorurteil, dass Netzwerk-Events für mich nichts weiter als eine Ansammlung von Leuten waren, die alle nur wollen, dass bei ihnen gekauft wird, aber selbst nicht kaufen wollen.

Meine Erklärung für meinen Nicht-Erfolg war, dass BodyTalk – die Methode, mit der ich als Heilpraktikerin arbeitete – nicht von der Krankenkasse übernommen wurde. Und wer investiert schon mehrere Male 80 Euro? Klar, jeder will gesund sein, aber nicht wirklich dafür investieren. Schnell muss es gehen. Der Arzt oder der Heilpraktiker soll es richten, und zwar am besten ohne Zuzahlung.

Kurz: Ich fühlte mich als Opfer meiner Umstände. Ich mag das Wort »Opfer« nicht und ich hätte mich damals auch selbst niemals so bezeichnet. Aber ich konnte ja schließlich nichts dafür, dass niemand BodyTalk kannte. Dass die Leute nicht bereit waren, Geld für ihre Gesundheit in die Hand zu nehmen. Dass Handwerker so teuer waren und das Bauamt in Wiesbaden so unkooperativ; doch darauf will ich erst gar nicht eingehen.

Also doch: Ich fühlte mich als Opfer, statt Verantwortung für meine Situation zu übernehmen. (Wie schön, dass man es immer bei anderen sieht. Nur bei sich selbst nicht.)

Du bist das Opfer der Regeln, nach denen du lebst.

JENNY HOLZER

Vielleicht kommt dir das bekannt vor. Vielleicht hast auch du alles versucht, doch die Umstände haben dir immer wieder einen Strich durch die Rechnung gemacht.

Stell dir nun einmal vor, es wäre anders! Nicht die Umstände oder die anderen wären verantwortlich – sondern du. Was würde das im Umkehrschluss heißen? Dass *du* es auch ändern kannst. Alles.

Vielleicht sagst du jetzt: Wenn's so leicht wäre ... na ja, eigentlich ist es das.

Das wusste ich im April 2018 noch nicht. In meiner Realität sah die Gleichung ganz simpel aus: Ich – top-ausgebildet – erreichte keine Kunden. Und das war nicht nur meine Realität, das war und ist auch die Realität von ganz vielen anderen Menschen – und so blöd ich es selbst finde, besonders von vielen Frauen. Und Frauen mit Kindern. Müttern.

Genau das soll dieses Buch ändern. Es soll dir Perspektiven, Optionen, Alternativen aufzeigen, um zu Veränderungen in deiner Persönlichkeit und deinem Denken anzuregen. Wo ich noch ganz viele Umwege gegangen bin, wird dieses Buch dir Abkürzungen bieten. Es wird dafür sorgen, dass du folgende Phasen hinter dir lässt:

- Phase 1: Ich bin top ausgebildet, habe aber keine Kunden.
- Phase 2: Ich habe viele Kunden, aber auch super viel Arbeit.

- Phase 3: Bei mir ist ja schon alles wirklich gut. Ich brauche echt nicht mehr.

Die Phasen 2 und 3 sind für Leute in Phase 1 noch erstrebenswert. Aber wenn man mal drin ist, merkt man schnell, dass es doch nur wieder die nächste Herausforderung auf dem nächsten Level ist.

Millionärin von nebenan steht für erfüllt und finanziell erfolgreich. Für mehr »und« im Leben. Für mehr persönliche, zeitliche, gedankliche und ja – *auch* mehr finanzielle Freiheit.

DEINE NÄCHSTEN SCHRITTE ZUM ERFOLG

Schreibe dir eine Vision dazu, wie dein Leben zukünftig verlaufen soll. Richte dir einen Kompass ein, nachdem du zukünftig all deine Schritte und Entscheidungen ausrichtest.

1. Suche einen Ort aus, der zu deinem zukünftigen Leben passt. Wenn du am Wasser leben willst, schreibe sie zum Beispiel an einem See oder Fluss. Wenn dir Komfort, Service und Ästhetik wichtig sind, kannst du sie zum Beispiel in der Lobby eines 5-Sterne-Hotels oder eines gehobenen Restaurants schreiben. In jedem Fall ein Ort, der dich in eine neue Energie versetzt und dir neue Impulse geben kann.

2. Schließe die Augen, beruhige deine Atmung. So lange, bis deine Gedanken bei dir bleiben. Du kannst zum Beispiel immer wieder langsam von zehn rückwärts zählen.

3. Beginne eine Zukunftsreise vor deinem inneren Auge. Stelle dir hierfür folgende Fragen:

- Für was kann ich mich begeistern?
- Was macht mich glücklich?
- Wie will ich arbeiten?
- Was will ich arbeiten?
- Was will ich anbieten? Wo geht mein Herz auf?
- Wie will ich meine Zeit einteilen?
- Wie soll mein Unternehmen aussehen? Mit wie vielen Menschen will ich zusammenarbeiten? Und wie?

4. Mache dir Notizen.

5. Mache die Übung mehrmals. Die Vision darf wachsen und sich weiterentwickeln. Auch kann es sein, dass dir vielleicht beim ersten Mal noch recht wenige Bilder oder Ideen kommen. Oder nur Dinge, die schon noch relativ nah an deinem jetzigen Leben sind, weil die Vorstellungskraft noch nicht so ausgeprägt ist. Das wird sich durch wiederholtes Üben automatisch verändern. Wenn du dich darauf einlässt.
Das Wichtigste ist, dass du die Fragestellung beachtest: Wie WILL ich es haben? Nicht: Was kann ich mir vorstellen?
Sei unverschämt, sei größenwahnsinnig, sei wie ein kleines Kind im Spielwarenladen.
Das Ziel der Übung ist, die Grenzen deiner Vorstellungskraft zu verschieben und die aktuellen Grenzen von »das geht nicht« aufzubrechen.
Eine Video-Anleitung zu dieser Übung findest du unter www.millionaerinvonnebenan.de/buch-bonus

Herr, gib mir eine Vision: Hilf mir erkennen, was heute meine Aufgabe ist. Welche Grenze soll ich dazu überschreiten?

Henry David Thoreau

2
DAS ENDE DES RENTENFONDS
ODER: INVESTITION IN EINE NEUE STRATEGIE

Menschen mit einer neuen Idee gelten so lange als Spinner, bis sich die Sache durchgesetzt hat.

Mark Twain

Nachdem wie gesagt die Umstände an meiner Situation schuld waren, mussten diese natürlich auch verändert werden.

Mehr Kunden durch Social-Media-Marketing. Dieser Gedanke hörte sich gut an. Blöd war nur, dass ich überhaupt kein Freund von Social Media war. Vor allem nicht von Facebook. Facebook – war das nicht schon vor fünf Jahren out? Mein Facebook-Profil hatte ich, glaube ich, irgendwann während des Studiums angelegt. Als (andere) Menschen noch private Bilder teilten, es kein WhatsApp gab (gegen das ich mich am Anfang natürlich auch gewehrt hatte) und schon gar keine DSGVO. Ich mochte es lieber persönlich, das heißt, ich würde *nie* etwas Privates teilen. Wer weiß schon, was damit gemacht wird?

Du merkst vielleicht bereits: Ich war nicht die reflektierteste, offenste, positivste und flexibelste Person, als meine Reise zur Millionärin von nebenan begann. Aus heutiger Sicht kann ich dir sagen: Das sind gute Nachrichten für dich! Denn das heißt: Egal wo du jetzt stehst, alles ist möglich!

Der Zeit-, Arbeits- und Gelddruck in meinem Leben nahm jedoch mehr und mehr zu, sodass ich mein altes Facebook-Profil reaktivierte. Bereits beim ersten Login wurde mir eine Werbung mit dem netten Hinweis angezeigt, dass meiner Facebook-Freundin Ulrike B. das Webinar gefällt: »Mehr Geld online verdienen mit deinem Herzensbusiness.« Was? Ulrike B. gefällt so was? Ulrike B. war doch auch eine Body-Talkerin! Ein Gut-Mensch! Und ihr gefiel ein Webinar, bei dem es ums Geldverdienen ging? Unfassbar! Ich hätte eine Million Euro dagegen gewettet, dass sie, geschweige denn mich, das interessieren könnte. Aber jetzt *musste* ich es mir natürlich anschauen.

Kennst du diese automatisierten Webinare? Die dir weismachen, sie wären live, und es gibt nur eine begrenzte Platzzahl und auch nur diese drei Termine? Also, *ich* kannte sie *nicht*. Von daher ordnete ich es unter Schicksal ein, dass es gerade 9:40 Uhr war und der nächste Termin zufällig direkt um 10 Uhr stattfinden sollte. Ich trug schnell alle Daten ein, war pünktlich und stellte auch fleißig Fragen im Chat. Ich wunderte mich noch ein wenig, warum ich keine Antwort bekam.

Der Inhalt holte mich jedoch umso mehr ab. Zum Glück hatte ich keine Million dagegen gewettet. Es machte absolut Sinn, was da gesagt wurde. Die erste Kernaussage lautete: Man sollte die eigene Positionierung überdenken, den Fokus auf ein schmales Angebot setzen, um damit als Experte am Markt wahrgenommen zu werden. Ja – macht Sinn. Die zweite Kernaussage: Man sollte nicht Zeit gegen Geld eintauschen, sondern Geld gegen

Lösung. Warum war ich da nicht selbst draufgekommen? Einen Expertenpreis für die Lösung abzurechnen, statt pro Stunde ein Honorar zu verlangen.

Und dann erwähnten die Referenten doch tatsächlich in dem Webinar, dass sie früher auch für 80, 100, 150 Euro die Stunde gearbeitet hätten, doch erst als sie ihre Preise auf 10.000 Euro angehoben und ihre Lösung als Gesamtpaket verkauft hatten, ging es durch die Decke. 10.000 Euro! Ich dachte, ich höre nicht richtig! An dieser Stelle im Webinar sah man ein paar Leute an einem großen runden Holztisch sitzen – die personifizierte Crème de la Crème Deutschlands. 10.000 Euro. Wer hat denn so viel Geld?! Wahnsinn.

Ich war fasziniert. Am Ende des Webinars wurden Termine für ein kostenfreies Strategiegespräch angeboten. Wie cool war das denn? Kostenfrei! Ich wusste sofort: Das mache ich! Kostenfrei geht immer. Dass die mir da was verkaufen könnten am Ende des Gesprächs, da wäre ich im Leben nicht draufgekommen!

Direkt am nächsten Tag war es so weit. Ich hatte mein persönliches telefonisches Strategiegespräch. Und *dieses* Gespräch hat mein Leben verändert. Ich hätte schon Geld dafür bezahlt, nur um zu lernen, so fantastisch Kundengespräche führen zu können wie Annett T., meine Strategieberaterin. War die gut! Mir war zu 100 Prozent klar, dass ich all das aus dem Webinar nun auf meine Praxis übertragen konnte. Ich war auf einmal so was von ready! Zum Schluss sagte Annett: »Wir können das alles mit dir erarbeiten und dir beibringen, deine Investition hierfür liegt bei 10.000 Euro. Einmalzahlung 8.000 Euro.«

Waaas?!? Sie meinte es wirklich ernst! Und sie bot es *mir* an! Mein Kopf drehte durch. Ich *musste* das lernen. Ich *musste* einfach. Es hörte sich alles absolut stimmig an. Facebook-Werbung, Skalierung, also keine Eins-zu-eins-Arbeit mehr, sondern Arbeit in der Gruppe, Lösung statt Zeit verkaufen, Premiumpreise für höheres Involvement. Ich selbst war voll involviert! Ich war selbst der beste Beweis, dass es funktioniert.

Okay, ich bin dabei! Dass ich das wieder reinarbeiten würde, war mir sofort klar. Aktuell lag mein Stundensatz bei 80 Euro. Selbst wenn ich es mit deren Hilfe nur schaffte, auf 120 Euro zu kommen, waren das 40 Euro mehr pro Stunde. 8.000 Euro geteilt durch 40 Euro ergibt 200 Stunden. 200 Stunden, die ich zum neuen Preis verkaufen muss. Alles danach ist Gewinn. Ich fragte mich kurz: Würde ich bis zu meinem Heilpraktikerlebtagsende noch mehr als 200 Stunden arbeiten? Äh, ja. Also – buchen.

Ich sagte zu.

Nur, wovon sollte ich das bezahlen? Das Geld, das noch da war, war komplett für den Hausbau verplant. Da waren Lukas und ich eigentlich schon im Minus. Ein Kredit während der Elternzeit mit zwei kleinen Kindern? Kein Kommentar. Tagelang fiel mir keine Lösung ein. Bis mir ein Geistesblitz kam: unser Rentenfonds. Für Lukas besser bekannt als der Hochsicherheitstrakt. An dieses Geld durfte NIEMAND gehen. Und wenn ich niemand sage, dann meine ich auch niemand. Ich hätte mich eher kaputtgearbeitet oder meine Beziehung aufs Spiel gesetzt, als an dieses Geld zu gehen. Hallo? Hier ging es schließlich um die Rente! Um Sicherheit! Wir bekommen alle nichts mehr vom Staat, wenn wir 65 sind. Da brauchen wir uns nichts vormachen.

Lukas wollte *ein* Mal an den Hochsicherheitstrakt, um schönere Steine für das Hofpflaster auszuwählen. Das war fast das Ende unserer Beziehung. Tausche Rente gegen Pflastersteine.

Auf. Gar. Keinen. Fall.

Doch diese Situation war vollkommen anders. Denn wenn das klappen würde mit diesem Social-Media-Ding – und es war mir wirklich *sehr* überzeugend verkauft worden –, dann war dieser Rentenfonds nur ein Tropfen auf den heißen Stein und die Investition von 8.000 Euro würde ich um ein Vielfaches wieder reinholen.

Ich wollte also nicht nur die 8.000 Euro aus dem Rentenfonds entnehmen, sondern ihn ganz auflösen. Komplett. Ich hatte eine neue Sicherheit für mich entdeckt.

Ich war gespannt, was Lukas dazu sagen würde. »Lu – wir müssen reden.«

Und das taten wir. Wir saßen uns abends, als die Kinder schliefen, am Esstisch gegenüber, und ich präsentierte ihm meine neuen Erkenntnisse und eröffnete ihm, dass ich nicht nur 8.000 Euro an eine ihm und mir bis vor ein paar Tagen noch völlig unbekannte Person überweisen wollte, mit der ich eine Stunde am Telefon gesprochen hatte. Ich sagte ihm auch, dass ich den Rentenfonds komplett auflösen wollte.

Zumindest in meiner Erinnerung stand Lukas zunächst völlig entrüstet so schnell auf, dass um ein Haar der Stuhl nach hinten gekippt wäre. Er schaute mich an, als ob ich nicht mehr alle Tassen im Schrank hätte. Wahrscheinlich fragte er sich: Was hatten diese Leute mit seiner Freundin gemacht? War das ein Test, bei dem ihm gleich die Hölle heiß gemacht werden würde, wenn er zustimmt, den Hochsicherheitstrakt aufzulösen? Was lief hier?

Schließlich wurde ihm so langsam klar, dass ich es wirklich ernst meinte. Und dann sagte er: »Ich vertraue dir. Alles was du angefangen hast, hast du bisher durchgezogen. Dann wird das auch dieses Mal so sein.« Er wusste, dass ich *niemals* Geld leichtfertig ausgeben würde. Niemals.

An alle, die es auf ihren Partner schieben, der bis dato nicht so verständnisvoll wie Lukas reagiert hat, und die nur deswegen noch nicht die nächste Millionärin von nebenan sind: Hätte Lukas »Nein« gesagt, hätte ich es *trotzdem* gemacht. Nicht mit dem Geld von unserem gemeinsamen Rentenfonds. Das hätte ich natürlich akzeptiert. Aber meine Entscheidung stand. Dann hätte ich mir das Geld eben von jemandem leihen müssen. Oder von mehreren Personen. Oder was auch immer. *Dass* ich es mache, stand nicht mehr zur Diskussion. Nur noch *wann* und *wie* war die Frage.

Wenn wir zu schnell wieder aufgeben – oder gar nicht erst anfangen –, machen wir das oft aus Angst, zu versagen, abgelehnt oder ausgelacht zu werden. Nicht, weil wir es tatsächlich nicht *können*. Bei vielen Dingen fehlen uns der Mut und die (positiven) Erfahrungen, die wir jedoch nie machen werden, wenn wir nicht irgendwann beschließen, ab heute für diese neuen Erfahrungen *selbst* zu sorgen. Diesen Mangel an Entschlossenheit und Mut kompensieren wir, indem wir extrem viel Energie darauf verwenden, Ausreden zu finden, dass es *wirklich* nicht möglich ist, warum wir nicht sein, haben, bekommen oder machen können, was wir wollen. Was wir uns wünschen.

Wenn wir jedoch dasselbe Maß an Energie und Vehemenz in unsere Ziele stecken würden ... Wow! Wo würde das wohl hinführen? Wie überzeugend und gewinnend wären wir dann?

> *Die Definition von Wahnsinn ist, immer wieder das Gleiche zu tun und andere Ergebnisse zu erwarten.*
>
> Albert Einstein (angeblich)

Woher dieser plötzliche Anflug von Selbstsicherheit und Entschlossenheit kam? Obwohl noch vor wenigen Zeilen die Umstände unveränderlich schienen? Die ehrliche Antwort ist: Ich weiß es nicht. Die Strategie ergab einfach Sinn. Das ist das Einzige, an das ich mich im Nachhinein erinnern kann.

Natürlich hätte ich mir auch aufzählen können, was ich davor schon alles geschafft hatte. Ich hätte mir sagen können, dass ich es auch diesmal schaffen würde. Doch das hatte mich noch nie motiviert, etwas Neues zu probieren. Ich war wirklich supermies darin, mich selbst zu feiern, wertzuschätzen und meine Stärken zu betonen. Ich war schließlich Schwäbin: »Nix g'sagt isch g'nug g'lobt.« Das sagt dann wiederum auch wieder alles.

Mir wurden im Webinar und in dem Telefonat einfach die richtigen Bilder in den Kopf gepflanzt: Ein fertiggestelltes Haus, freie Samstage und blaue, sauteure Blumentöpfe bei uns im neugepflasterten Hof, bewegten sogar *mich* aus meiner Komfortzone. Meine Lust auf »mehr« war geweckt.

Menschen bewegen sich immer aus zwei Gründen aus der Komfortzone heraus: großer Schmerz oder große Ziele. In meinem Fall war nun beides da.

Im Grunde genommen wusste ich zu diesem Zeitpunkt von der Struktur und den Inhalten des Coachings, für das ich auf einen Schlag 8.000 Euro gezahlt hatte, nicht viel. Warum mich das nicht störte? Warum ich nicht wie bisher immer erst noch einmal wochenlang alles verglichen hatte? Alle Details wissen wollte? Noch mehr Sicherheit brauchte? Weil es keine reine Kopfentscheidung war, die ich getroffen hatte. Natürlich hatte ich gedacht, es wäre eine rationale Entscheidung. Schließlich hatten wir ja nur über Strategie gesprochen. Alles war so logisch, so klar, so unausweichlich. So hatte es sich in jedem Fall für mich angefühlt. Aber in der Realität kann man es zusammenfassen mit: Ich wusste nicht wirklich, was mich erwartete.

In meinem Strategiegespräch wurden *alle* Register der Verkaufspsychologie gezogen. Und ich bin dankbar dafür. Nur dadurch habe ich mich getraut, aus dem Stand für ein 8-Wochen-Programm 8.000 Euro in mich zu investieren. Nur so habe ich mich getraut, etwas Neues zu beginnen. Nur so habe ich es geschafft, meine Komfortzone zu verlassen.

Es war die beste Entscheidung meines Lebens. Und der Beginn meiner intensiven Liebe zur Verkaufspsychologie. *Wenn* sie ethisch eingesetzt wird, versteht sich. Natürlich kann man sich darüber streiten, was ethisch ist. Ich definiere »ethisch« so, dass ich der *richtigen* Person zum *richtigen* Zeitpunkt das *richtige* Angebot mache. In meinem Fall wusste der Anbieter, was der Inhalt des Coachings war. Und er kannte meine berufliche Situation und wusste somit, dass ich für diesen Inhalt perfekt passen würde. Wenn ich es denn umsetzen würde. Es war von Anfang an ein perfektes Match.

Damit hieß es für die Frau, die mit mir telefonierte: Vollgas geben, damit ich aus meiner Komfortzone komme, mich was Neues traue und eine Entscheidung treffe. Wäre ich statt mit dem Gefühl mit meinen bisherigen Bewertungs- und Kaufkriterien rangegangen, wäre ich heute noch Heilpraktikerin mit 1.000 bis 2.000 Euro Monatseinkommen.

Aber was hatte ich denn nun gekauft? Aus *meiner* Sicht hatte ich ein Coaching gebucht, in dem es um Facebook-Werbung geht. Schließlich brauchte ich genau das, um meine Praxis als Heilpraktikerin in Schwung zu bringen. Per Facebook wollte ich mit ein paar schlauen Anzeigen neue Kunden gewinnen. Damit ich mich selbst nicht verkaufen und präsentieren muss. Mein Plan war: Die Kunden würden über die Anzeige in meine Praxis kommen und dann würde ich sie durch meine Kompetenz überzeugen. So stellte ich mir das vor. Früher zog der gute alte Werbezettel, heute gab es Social Media. Mir war das nur recht. Hauptsache, es würden neue Kunden kommen, die mich einfach buchten, ohne dass ich mich irgendwie zeigen oder verkaufen musste. Herrlich. Ich hielt das für eine Riesenidee.

Nun, erstens kommt es meist anders und zweitens als man denkt.

»Herzlichen Glückwunsch, liebe Stephanie: In dem Coaching wird es um DICH gehen, um DEINE Sichtbarkeit, DEINEN Selbstwert in DEINEM Business!«, wurde ich an Coachingtag 1 begrüßt.

Waaaas? Das kann nicht ernst gemeint sein?!?

DEINE NÄCHSTEN SCHRITTE ZUM ERFOLG

Mut ist Übungssache. Es wird immer wieder Dinge geben, die dich herausfordern oder dir Angst machen. Es geht daher nicht darum, diese Dinge zu vermeiden, sondern insgesamt besser mit ihnen umgehen zu können. Du wirst auch nicht eines Morgens aufmachen und plötzlich mutig sein. Sondern dein Mut wird sich entwickeln, indem du jeden Tag ein bisschen mutiger wirst.

Hierzu kannst du kleine Schritte raus aus deiner Komfortzone machen. Hier einige Vorschläge:

- Setz dich allein in ein Café, um dort ein Buch zu lesen oder am Laptop zu arbeiten, wenn das etwas ist, was du sonst nie machen würdest. Oder geh allein essen oder allein ins Kino.
- Wenn du Angst vor Höhe hast, geh in einen Hochseilgarten. Du kannst ruhig auf der niedrigsten Stufe anfangen. Es geht nicht darum, dich zu zwingen. Sondern den ersten Schritt zu machen.
- Schau Menschen in die Augen. Aber heute ganz bewusst.

- Melde dich als Erste im Teammeeting oder übernimm eine Präsentation.
- Werde sichtbar in Social Media. Hinterlasse ein Like, wenn du etwas gelesen und es dir gefallen hat. Kommentiere und lass ein Lob da. 99 Prozent der Nutzer von Social Media sind stille Mitleser.
- Trau dich, eine Spur zu hinterlassen.

TEIL II

NEU DENKEN – DAS FUNDAMENT DEINES ERFOLGS

1
MINDSET
ODER: DER RAHMEN DEINES DENKENS

Wer nichts verändern will, wird auch das verlieren, was er bewahren möchte.

GUSTAV HEINEMANN

Man kennt es vielleicht aus der Sportwelt. Viele Profis verkünden zum Ende der Saison, dass sie neue Anreize suchen und finden wollen. Dass sie neue Kicks brauchen, um zu noch höheren Zielen zu gelangen. Dass sie auf den höchsten Berg der Welt klettern wollen, obwohl das Klettern an sich nichts mit ihrem Sport zu tun hat. Die Ex-Biahtletin Laura Dahlmeier zum Beispiel, Weltmeisterin in ihrer Sportart. Sie liebte es, in der Vorbereitung auf einen Wettkampf zu wandern, zu klettern, draußen zu sein. Das gab ihr mental so unglaublich viel Aufwind, dass sie es augenscheinlich fast vergaß, in die eigentliche Vorbereitung zu gehen, um Kondition und Co. zu stärken. Aber da konnte sie sich offenbar sehr gut auf ihren Körper verlassen. Der Erfolg gab ihr schließlich immer und immer wieder recht.

Dieser mentale Part, dieser Denksport, also sich reinzudenken in eine Situation, genau das führt letztendlich zu dem, was man haben will. In einen Satz gepackt: Neue Gedanken führen zu neuen Ergebnissen. Jeder Olympionike und Weltmeister in welcher Sportart auch immer hat den tatsächlichen Siegesmoment höchst wahrscheinlich schon tausendmal in den eigenen Gedanken durchlebt, bevor er sich manifestiert hat, also tatsächlich eingetreten ist.

Doch wie geht das denn eigentlich mit den neuen Gedanken? Wo findet man die oder wie kommen die zu einem? Gute Frage. Bei mir fing es in jedem Fall anders als erwartet an.

Los ging mein Coaching also nicht wie erwartet mit Wunschkundenprofil, Positionierung, Werbung, also mit Strategie, Marketing und wie man Interessentengespräche führt. Los ging es mit meinem Mindset. Damals hatte ich noch nie von einem Mindset gehört. Genauso wenig übrigens wie von »Manifestieren« und dem »Gesetz der Anziehung«. Obwohl – bei Letzterem klingelte was. 2006 war ich mal bei einer Freundin in München zu Besuch und zog aus ihrem Bücherregal das Buch *The Secret*. Ich las die Rückseite durch und schaute meine Freundin nur ungläubig an.

»Im Ernst jetzt? Einfach ein bisschen positiv denken und dann läuft auf einmal alles super im Leben? Na klaaaaar!«, machte ich mich lustig. Mit einem »Wie kann man nur so naiv sein?«-Gesichtsausdruck hatte ich das Buch wieder ins Regal zurückgeschoben.

Aber in diesem Moment fiel es mir wie Schuppen von den Augen: Ich hatte 8.000 Euro für eine Variante dieses Buches gezahlt??! Nun gut. Jetzt war ich aber mal gespannt. Ich meine, ich hatte schon viele Weiterbildungen gebucht – und wenn ich viele sage, dann meine ich auch viele. Aber dieser Ansatz hier war mir neu.

Als ich dem Coach lauschte, machte das Ganze aber komischerweise irgendwie doch Sinn. Ich fragte mich: War an dem Buch damals vielleicht doch was dran gewesen?

Kennst du das Gefühl: Du hörst etwas zum allerersten Mal und dein ganzer Körper geht in Resonanz? So war es bei mir in diesem Moment. Alles in mir fing an zu rufen: »Das ist es, Stephanie. Das ist es!« Hallo Erleuchtung, schön dass wir uns endlich kennenlernen! Das, was der Coach über Mindset, Manifestieren und das Gesetz der Anziehung erzählte, machte sogar verdammt *viel* Sinn. Es fühlte sich so unglaublich *wahr* an.

Damit es sich für dich auch so einleuchtend anfühlt, lass uns mal ein bisschen Begriffsdefinition machen:

Mind = Denken

Set/Setting = Rahmen

Mindset = der Rahmen / das Setting, in dem sich unser Denken, unsere Vorstellungskraft abspielt

Dein Mindset ist begrenzt durch deine Vorstellungskraft. Es gibt den Rahmen vor, in dem dein Denken stattfindet. Dinge, die du für unmöglich oder schwer vorstellbar hältst, befinden sich außerhalb deines Denkrahmens und somit auch außerhalb deines aktuellen Mindsets. Dieser Rahmen gibt Folgendes vor:

- was wir für normal halten (etwa 80 bis 120 Euro Honorar pro Stunde als Heilpraktikerin) und was wir gewohnt sind

- was wir uns vorstellen können (dass es Leute gibt, die 80 bis 120 Euro pro Stunde für einen Heilpraktiker ausgeben)
- was gesellschaftlich akzeptiert wird (also 80 bis 120 Euro pro Stunde sind okay; 500 Euro sind Wucher; 30 Euro – davon kann ja keiner leben)

Es erscheint immer unmöglich, bis es vollbracht ist.

NELSON MANDELA

Es gibt noch einen anderen Spruch, der im Prinzip dasselbe aussagt: Alle sagten immer: »Das geht nicht. Das kannst du nicht schaffen«. Dann kam einer, der wusste das nicht. Und hat es einfach gemacht.

Kennst du die 10-Sekunden-Marke in der Leichtathletik? Lange Zeit galt es als physische und psychische Schwelle, den 100-Meter-Lauf der Männer in unter zehn Sekunden zu bewältigen. Niemand hat es geschafft. Bis es irgendwann doch einer geschafft hat. Und auf einmal haben es zig andere auch geschafft.

Dein aktuelles Mindset begrenzt dich in deiner Vorstellungskraft und damit auch in den Ergebnissen, die du momentan erreichen kannst. Damit gilt auch: Alles was du (beziehungsweise dein Unterbewusstsein) glaubst oder denkst, ist wahr. Es ist nicht objektiv betrachtet wahr, aber subjektiv für *dich*. Das, was du *willst,* deine *bewussten* Wünsche). Und (leider) auch das, was du *nicht* willst. Die Sachen, die du gerade noch in deinem Leben erreicht hast und von denen du denkst, dass sie mit dir doch gar nichts zu tun haben. Beide entspringen deinem Mindset. Das Mindset war als erstes da. Und daraus ist deine jetzige Realität entstanden. Ebenso die Realität deiner Familie, unserer Gesellschaft und unserer Kultur. Unser Mindset lässt uns bestimmte

Erfahrungen machen, die unsere Herangehensweise wieder bestätigen. Es ist ein Kreislauf. Das typische: Ich hab's doch gleich gewusst!

Das heißt, an deiner jetzigen Realität, wie zum Beispiel an deinem jetzigen Einkommen, kannst du erkennen, wo die Grenzen deiner Vorstellungskraft, dessen was du wirklich *glaubst*, liegen. Wenn wir Teile unserer jetzigen Realität *bewusst* gar nicht in dieser Form haben wollen (zum Beispiel unser Einkommen), bedeutet das nicht, dass meine Theorie falsch ist. Sondern dass dein Unterbewusstsein dein Mindset bestimmt. Und dass dein Unterbewusstsein und dein Bewusstsein aktuell nicht am selben Strang ziehen.

Damit schließt sich der Kreis zu Laura Dahlmeier: Was meinst du: Wie oft hat sie sich wohl zunächst auf das Podest *gedacht*, bevor sie tatsächlich real dort stand? Wie oft ist sie das Szenario in ihren Gedanken durchgegangen, hat es mit allen Sinnen durchgefühlt, wie sie als Nummer 1 aufgerufen und von der Menge gefeiert wird?

Die amerikanische Psychologin Carol Dweck spricht von zwei Mindset-Typen: Fixed Mindset (statisches Mindset) und Growth Mindset (dynamisches Mindset). Menschen mit einem statischen Mindset bleiben lieber in gewohntem Terrain. Sie gehen davon aus, dass für Erfolg eher Talent und bestimmte Fähigkeiten angeboren sein müssen. Wenn sie scheitern, ist es Schicksal oder es fehlt eben schlicht und ergreifend die Begabung. Alternativ sind die Eltern, die Gesellschaft oder irgendjemand anderes dafür verantwortlich. Die Umstände – du erinnerst dich?

Doch es geht auch anders. Kennst du Menschen, denen scheinbar alles zufliegt? Natürlich kennst du solche Menschen. Jeder kennt sie. Diese Menschen haben ein dynamisches Mindset. Sie machen auch Fehler, haben Enttäuschungen zu verkraften und müssen mit Ablehnung klarkommen. Der Unterschied: Sie gehen anders damit um.

> *Es ist, wie es ist. Aber es wird, was du daraus machst.*
>
> Unbekannt

Rückschläge, Fehler, Ängste werden von diesen Menschen nicht als Probleme eingestuft, sondern als Chance! Haben diese Menschen Lust darauf, diese Erfahrungen zu machen? Nein. Aber sie machen sie. Und die einzige Sache, die sie dabei beeinflussen können, ist ihre Einstellung.

> *Es ist, wie es ist. Finde das Gute. Vergib den Rest.*
>
> Unbekannt

Menschen mit einem dynamischen Mindset finden irgendetwas Gutes in jeder Situation. Und wenn es nur die Erfahrung ist. Sie sind davon überzeugt, dass sie alles erreichen können, wenn sie es *denken* können. Sie wissen, dass lediglich ein Shift in ihrem Unterbewusstsein oder Übung und Wiederholung sie von ihrem Ziel trennt. Ab heute gilt: Du und ich haben dieselben Voraussetzungen wie diese Menschen.

Denn die gute Nachricht lautet: Jedes Mindset lässt sich verändern. Und damit auch jegliche Resultate, Beziehungen, Erfolge und alles, was Teil deiner Realität ist. Es lässt sich verändern. Entweder durch Wiederholung und Training. Oder durch Sprünge im Unterbewusstsein.

DEINE NÄCHSTEN SCHRITTE ZUM ERFOLG

Wie steht es um dein aktuelles Mindset? Wie kannst du deinen jetzigen Denkrahmen sichtbar machen?
Stelle dir dafür gerne die folgenden Fragen:

- Wie haben deine Eltern über Geld gedacht?
- Welche Glaubenssätze zu Geld kennst du?
- Was ist das Durchschnittseinkommen deiner Freunde?
- Was denkst du über Geld?

Weitere Fragen und eine detaillierte Übung zum Aufdecken von Glaubenssätzen findest du unter www.millionaerinvonnebenan.de/buch-bonus

2

DER SCHWEIZER SEISMOGRAPH

ODER: DAS GESETZ DER ANZIEHUNG IN AKTION

Als Nächstes wurde ich während des Coachings mit dem Gesetz der Anziehung vertraut gemacht. Das Gesetz der Anziehung ist ein unumstößliches Gesetz des Universums, das Folgendes besagt: Ich bekomme mehr von dem, worauf ich Energie gebe.

Was soll das denn jetzt schon wieder heißen? Was meinen die mit Energie? Und was meinen die mit »mehr bekommen«?

> Gesetz der Anziehung (GDA) = Ich ziehe immer das in mein Leben, worauf ich die meiste Energie gebe.

Ein anderes Wort für Energie kann auch Aufmerksamkeit, Glaube, Gefühl, Emotion sein. Das Wichtigste dabei ist: Du kannst dir der Energie *bewusst* sein. Oder auch nicht. Meistens sind wir es nicht. Daher wundern sich die meisten Leute, warum sie X in ihrem Leben gerade als Realität erfahren, wo sie doch eigentlich *bewusst* unbedingt Y in ihrem Leben haben wollen (Y = Gesundheit, Liebe, Geld, Zufriedenheit, ein vitaler Körper, Kunden en masse, ein Haus, ein Boot, ein Auto ...; X = eben nichts oder das Gegenteil davon).

Jetzt zu den Details:

- Die Energie kann positiv oder negativ sein.
- Starke positive Energien sind Vertrauen, Freude, Leichtigkeit, Dankbarkeit, Zuversicht, Spaß et cetera.
- Starke negative Energien sind Angst, Sorgen, Zweifel, Kritik, Wut, Genervtheit, Enttäuschung, Groll, nachtragend sein et cetera.

In dem Moment machte es bei mir Klick. Und ich wünschte: Hätte ich das mal früher verstanden! Es hätte mir so manche Schleife erspart. Was habe ich früher stundenlang Kalorien gezählt. Und was dachte das Universum wohl, wenn es mich so dasitzen sah?

»Ahhhh, sie zählt ja heute schon wieder Kalorien. So wie gestern. Und vorgestern. Und vorvorgestern auch! Das muss ihr definitiv Spaß machen. Na, dann schicken wir ihr mal noch ein paar Kilo mehr. Dann hat sie noch mehr Gründe, Kalorien zu zählen.«

Nicht. Dein. Ernst. Echt jetzt? So funktioniert das Gesetz der Anziehung? Ist das auch mit Eifersucht, nervigen Kollegen und Geld so? Dass der Partner noch eher fremdflirtet, wenn man eifersüchtig ist? Die Kollegen noch ineffizienter arbeiten, wenn man sich über sie aufregt? Und man selbst ständig Kunden kriegt, die um jeden Preis feilschen, wenn man denkt, dass Menschen nach dem Preis entscheiden?

Um es kurz zu machen: Ja, das ist es. Das Universum ist leider nicht so gut im Kategorisieren von »positiv« und »negativ«. Um genau zu sein: Das Universum ist eher wie die Schweiz. Nämlich neutral.

Wir Menschen würden sagen: Moment ... von Eifersucht, Genervtheit, Übergewicht und Preisdiskussionen will doch niemand mehr! Egal wie viel Emotion, Energie und Zeit da rein geht.

Das Universum macht hier keinen Unterschied. Es wird einfach nur der Pendelausschlag gemessen. Es zählt nur die Intensität. Egal in welche Richtung. Und von diesen Emotionen und Anlässen ziehe ich dann mehr in mein Leben. Deswegen Gesetz der Anziehung. Du bekommst das geliefert, was du (verstärkt) als »Bestellung« aussendest. Und das manifestiert sich dann. Das bedeutet es wird manifest, sichtbar, spürbar, real.

Stellen wir uns das Ganze wie einen Lieferservice vor. Hier ein Beispiel: Du willst morgens schon gleich mit viel guter und positiver Energie starten. Also machst du direkt nach dem Aufstehen dein Erfolgstagebuch: Du investierst 10 Minuten in Dankbarkeit, setzt die Intention für den Tag und bestärkst dein neues Ich mit fünf positiven Glaubenssätzen. Dann meditierst du noch, gehst deine Vision und Ziele vor deinem inneren Auge durch, hast schon genau in den Ohren, wie sich heute zig Kunden melden und dein Angebot buchen. Du siehst vor deinem inneren Auge bereits die positiven E-Mails und auch, wie du mit deinen Kids Konfetti schmeißend deine Erfolge feierst. Herrlich! Der Universumskellner schreibt fleißig mit: »Aaaah, verstehe!

Du hättest gerne mehr von ›alles läuft easy-peasy im Leben‹? Kein Problem – ist notiert. Ah, Geld findest du super? Haben wir unendliche Reserven, bring ich dir. Spaß mit Kunden, Familie und Freunden und genügend Zeit für alles, weil du so schön in deiner Mitte bist? Hab' ich auf Lager. Bringe ich dir gleich.«

Und der Universumskellner macht sich ans Werk.

Dann geht dein Alltag los. Die Kids sind zu müde zum Aufstehen. Du denkst dir: »Hab' ich gestern Abend nicht noch gesagt, dass es besser wäre, mal früher schlafen zu gehen?« Du verdrehst genervt die Augen. Der Morgen geht so verkorkst weiter, wie er begonnen hat: Es gibt Streit ums Frühstück, um die angemessene Kleidung (»Nein, bitte keine Sandalen bei 11 Grad und Dauerregen.«) und die Uhr sitzt dir im Nacken. Du bist eigentlich nur noch am Atmen, damit du nicht anfängst zu schimpfen, weil du weißt, dass es nicht an den Kids liegt, sondern an *deinem* vollen Tag, an *deinem* Perfektionismus und an *deiner* Erwartungshaltung. Aber innerlich schlägt das Pendel schon ziemlich deutlich in eine bestimmte Richtung aus.

Der Universumskellner eilt verwirrt zurück und korrigiert die Bestellung: »WOW! Da ist ja viiiiiel mehr Energie auf ›genervt und gehetzt‹. Okay. Ich korrigiere!« Schließlich wird immer das geliefert, wo der höhere Energiepegelausschlag ist.

Weiter geht's: Du weißt nicht mehr genau, wie, aber du hast es tatsächlich geschafft, die Kids pünktlich – in Sandalen – in der Schule und im Kindergarten abzuliefern.

Du bist zurück in deinem (heimischen) Büro und sagst dir: »Heute gewinne ich zehn Kunden!« Das schreibst du schon soooo lange in dein Erfolgstagebuch! Na ja, so richtig glaubst du es dir nicht mehr. Mittlerweile hast du einfach schon zu viele andere Erfahrungen gemacht, aber die Hoffnung stirbt ja bekanntlich zuletzt.

Was notiert der Universumskellner? »Aaah ..., also doch lieber mehr ›Zweifel‹. Auch kein Problem.«

Zwischendurch kommt dein Partner zu dir und erzählt dir, dass die Nachbarn ein Haus auf Mallorca gekauft haben. »Der scheffelt ja auch Kohle ohne Ende. Gut, der arbeitet auch Tag und Nacht. Wenn die weiter so machen, ist die Ehe bald hin. Und außerdem, da geh ich doch lieber ins Hotel. Alles, was man sich anschafft, muss auch gepflegt werden. ›Mo' money, mo' problems.‹ Dann lieber weniger. Und außerdem – schön, dass er uns das gleich auf die Nase bindet. Angeber!«, hörst du dich sagen.

Universumskellner: »Aaaah, Geld ist mit Aufwand verbunden, macht angeberisch und ist nur mit harter Arbeit möglich. Außerdem heißt es entweder Zeit und glückliche Familie ODER Reichtum. Gut zu wissen. Dann lassen wir das besser mit dem Geld. Ich liefere stattdessen lieber gerade so das Nötige. Einmal Urlaub im Jahr reicht? Check. Lieber Mittelmaß, um nirgends anzuecken? Alles klar – wird gemacht.«

Und so sucht der Universumskellner den ganzen Tag die ganzen Sachen zusammen, auf die du die meiste Energie gibst.

So langsam wurde mir klar, dass ein bisschen positiv denken wohl wirklich nicht ausreichen würde. Dass es sich allerdings mehr als lohnen würde, sich intensiver damit auseinanderzusetzen.

Kurzer Faktencheck: Entspricht *deine* vorherrschende Energie den GANZEN Tag über deinen bewussten Wünschen? Nein? Okay, dann agiert einfach vorwiegend das Unterbewusstsein. Lies einfach weiter. Wir kommen noch dazu, wie du deinen Pendelausschlag mit deinen bewussten Wünschen synchronisieren kannst.

Damals, während des Coachings, als ich von all dem erfuhr, dachte ich: Wenn das wirklich stimmte, dann war ich erstmal ganz schön am Ar... Denn mir wurde bewusst: Es war vorbei damit, die Verantwortung abzugeben. Es gab weder das Schicksal noch Glück. Wenn ich Energie auf »ich kann nicht« ver(sch)wende, dann liefert das gute Universum mir weiterhin wunderbar zig Gründe, warum ich tatsächlich nicht kann. Ich weiß nicht, wie es dir geht, aber für mich war die Erkenntnis zum Gesetz der Anziehung gelinde gesagt herausfordernd.

Für meinen Partner Lukas aus der Beifahrer-Perspektive war es dies erst recht. Als Beifahrer hat man es ja nicht in der Hand, wenn der andere mit Tempo 250 durch die verkehrsberuhigte Mindset-Zone donnert.

Ab dem Moment, an dem ich das Gesetz der Anziehung kennenlernte, gab es für mich und meine Gedanken nur noch 0 oder 1, schwarz oder weiß. Entweder sie zahlen auf meinen positiven Pendelschlag ein. Oder sie werden radikal gestrichen.

Lukas hatte es in dieser Phase nicht leicht mit mir. Mit Sicherheit hat er sich das ein oder andere Mal gedacht: »Wenn das noch ein paar Wochen so weiter geht, holen sie meine Freundin noch im weißen Kittel ab.«

Warum? Weil ich so viel geheult habe in dieser Zeit wie lange nicht mehr. Und das immer und immer wieder. Ich musste das erstmal zusammenkriegen, dass diese beschissene Schranke von »ich kann nicht« nur in meinem Kopf existierte. Ich musste begreifen: Wenn ich mir weiterhin sagte, dass ich etwas nicht kann, dass ich keine Kunden habe, dass es schwer ist, lange dauert, dass ich Facebook blöd finde, mich nicht präsentieren will, ich Luxus für oberflächlich halte, meinen Körper nicht mag und generell zu wenig Geld und zu wenig Zeit habe, dann würde mir der Universumskellner weiterhin immer mehr davon liefern. Genauso wie die letzten Jahre. Frei Haus versteht sich. Das Universum sagt immer »Ja« zur meisten Energie. Bestellt ist bestellt.

Ich: »Ich fühle mich zu dick.«

Universum: »Ah, du liebst es, dich mit ›Ich fühle mich zu dick‹ zu beschäftigen?! Ich liefere mehr davon.«

—> Et voilà: dick, dicker, am dicksten.

Ich: »Es ist schwierig, viele motivierte zahlende Kunden zu finden.«

Universum: »Ah, du liebst es, dich mit ›Ich habe zu wenige Kunden und diskutiere immer ums Geld‹ zu beschäftigen?! Kann ich besorgen.«

—> Et voilà: wenig Kunden, weniger Kunden, keine Kunden.

Ich: »Handwerker kann ich mir nicht leisten.«

Universum: »Ah, du glaubst, dass Handwerker teuer sind und du alles in Eigenleistung machen musst?! Bring ich dir.«

—> Et voilà: Die Handwerker berechnen ständig was nach, bis sich 80.000 Euro Zusatzkosten ansammeln und immer mehr in Eigenleistung gemacht werden muss.

Halleluja! Heutzutage sagt man ja nicht mehr, dass etwas wirklich besch... ist, sondern man nennt es jetzt spannend. Daher empfand ich diesen Abschnitt meines Lebens als sehr spannend.

Aber: Selbsterkenntnis ist der erste Schritt zur Besserung.

Der Kopf ist rund, damit das Denken die Richtung ändern kann.

FRANCIS PICABIA

Hier sind es nur ein paar Seiten bedrucktes Papier, die du schnell wieder in den Bücherschrank stellen kannst.

Ich konnte diese Erkenntnis damals unmöglich weiter ignorieren und schon gar nicht wieder zurück ins Regal stellen. Ich erkannte die Logik, die Wahrheit dahinter. Ich erkannte das Muster, warum mein Leben so lief, wie es lief.

Und ab jetzt wusste ich auch, wie ich es verändern konnte. Ich hatte zwar noch keinen Plan zur konkreten Umsetzung, aber ich wusste: Das Ganze hat Potenzial.

DEINE NÄCHSTEN SCHRITTE ZUM ERFOLG: DAS LEBENSRAD

Das Lebensrad ist ein Coaching-Tool, das dich dabei unterstützt, sowohl einen Ist- als auch einen Zielzustand für bestimmte Lebensbereiche zu bestimmen. Damit hilft es dir, sichtbar zu machen, in welchen Bereichen du das Gesetz der Anziehung gerade schon für dich nutzt. Und in welchen anderen Bereichen gerade noch dein Unterbewusstsein das Sagen hat.

Das Lebensrad ist wie ein Kuchendiagramm angeordnet. Am besten du wählst sechs bis acht Kategorien. Beispiele hierfür sind:

1. Geld & Finanzen
2. Beziehungen, Familie & Freunde
3. Karriere & Business

4. Gesundheit
5. Umfeld
6. Persönliche Weiterentwicklung
7. Freizeit
8. Kreativität
9. Spiritualität
10. Fitness & Sport
11. Reisen
12. Wohnen, Mobilität, Konsum

Eine genaue Anleitung und Vorlage zum Einzeichnen findest du unter www.millionaerinvonnebenan.de/buch-bonus

3
MANIFESTIEREN
ODER: LOGO STATT ESO

Die gute Nachricht ist: Mit dem Gesetz der Anziehung kannst du *alles* haben, den Parkplatz direkt vor der Tür, dein Lieblingsbrot um 17:59 Uhr beim Lieblingsbäcker, den begehrten Kindergartenplatz mit diesem super Konzept, Kunden in Hülle und Fülle, Familie und Lieblingsjob und und und und und. Du darfst es dir einfach beim Universum bestellen und positiv überrascht sein über die prompte Lieferung, über das Manifestationsergebnis.

Noch einmal: Bevor es manifest wird, war immer *erst* der Gedanke, die Einstellung, die vorherrschende Energie da. Die wird schließlich sichtbar, spürbar, real.

Der Manifestationskreislauf:

1. Gedanken, Einstellungen, Glaubenssätze lösen bestimmte
2. Gefühle und Emotionen aus.
3. Diese Gefühle wiederum lassen dich auf bestimmte Art und Weise reagieren, das heißt, sie beeinflussen dein Handeln.

4. Und, zack, hast du deine aktuelle Realität mit bestimmten Ergebnissen (Beziehung, Gesundheit, Figur, Kontostand, Beruf et cetera.) in deinem Leben. Diese beeinflussen wiederum deinen Denkrahmen …

Nach Adam Riese und Eva Zwerg ergibt das einen Engelskreis (Wortschöpfung meiner guten Freundin Claudia Engel) im positiven Sinne. Oder eben eine Abwärtsspirale, wenn begrenzende Gedanken und Gefühle im Spiel sind.

Du kannst dich nicht daran erinnern, dass du jemals gedacht hast, dass du gerne viel arbeiten, aber nicht so viel verdienen willst? Du kannst dich auch nicht daran erinnern, dass du die 5 Kilo Übergewicht irgendwann mal super fandest? Oder dass du dir beim Universumskellner bestellt hast, dass deine Familie dich nur bedingt unterstützt und alles immer an dir hängen bleibt?

Willkommen im Club. So geht es den meisten. Von weltweit ungleicher Verteilung und dass kranke oder arme Menschen sich ihr Schicksal bestimmt nicht bestellt haben, mal ganz zu schweigen. Dieses Argument begegnet mir des Öfteren, und abschließend lässt es sich in diesem Rahmen auch nicht beantworten. Wichtig ist mir an dieser Stelle, dass sich ein Mindset, besonders das einer Kultur oder eines ganzen Volkes nicht von heute auf morgen gebildet hat und sich höchstwahrscheinlich auch nicht von heute auf morgen verändern lässt. Was aus meiner Perspektive nicht bedeutet, dass es sich nicht lohnt, *heute* damit anzufangen oder meinen Kindern heute etwas *Neues* vorzuleben und mitzugeben. Jeder von uns stößt immer *in sich* die Veränderung an, die er in der Welt sehen will. Und jeder von uns kann nie die Vergangenheit ändern, aber seine Perspektive auf die Zukunft wählen.

Gesellschaftliche und kulturelle Prägungen hat niemand von uns im Bewusstsein und dennoch manifestieren sie sich in deinem Leben. Hier ein paar Beispiele:

- Ab 40 geht's mit dem Stoffwechsel bergab.
- Geld verdirbt den Charakter.
- So leicht geht's nun mal nicht.
- Kinder brauchen ihre Mutter.
- Lieber den Spatz in der Hand als die Taube auf dem Dach.
- Man kann nicht alles haben.

(Glaubens-)Sätze wie diese kennt jeder von uns. Sie prägen dich. Sie prägen mich. Sie prägten die Generationen vor uns. Und sie werden vielleicht auch noch Generationen nach uns prägen.

Aber wenn wir *heute* anfangen, uns für ein *neues* Mindset, *neue* Glaubenssätze, ein *neues* Denken zu entscheiden, auch wenn die Realität mit diesem Denken noch nicht übereinstimmt, dann wird es vielleicht doch schon bei der nächsten Generation anders. Und bei der übernächsten ganz neu.

Ich finde das einen sehr motivierenden Gedanken.

Wichtig für *dich* im Hier und Jetzt ist das Wissen, dass du *alles* selbst in der Hand hast.

Vielleicht denkst du jetzt: Das hört sich an wie das Buch aus der Eso-Ecke der Buchhandlung. Da gebe ich dir recht. Daher lass uns doch ein bisschen Wissenschaft mit reinbringen. Vielleicht kennst du Menschen, die ein Visionboard haben, ein Dankbarkeitstagebuch führen, meditieren und Träume haben, die sie mit dem Gesetz der Anziehung wahr machen wollen. Und höchst wahrscheinlich kennst du auch Menschen, die das zwar machen, aber schon relativ lange auf einige ihrer Ziele auf dem Visionboard warten. Vielleicht hast du dich innerlich auch schon sagen hören: »Wenn's so leicht wäre, würde es ja jeder machen.«

Also schauen wir uns doch mal an, warum es funktioniert, wenn es funktioniert. Und woran es liegt, wenn es nicht funktioniert.

Als wissenschaftliche Basis fürs Wünsche-Erfüllen gilt: Bewusstsein erzeugt Materie. Früher dachte man, dass alles aus Materie besteht. Auch Licht besteht aus kleinsten Teilchen (Newtonsche Korpuskeltheorie). Bereits 1802 wurde diese Theorie von dem Physikprofessor Thomas Young mit einem bahnbrechenden Experiment erschüttert. Die Kurzfassung: Er bewies in einem Experiment, dass Licht *nicht* aus kleinsten Teilchen, sondern aus Wellen besteht.

Jetzt wird's erst spannend: Beim Experimentieren mit Elektronen (also mit Materieteilchen) gelangte man zu demselben Ergebnis: Materie verhielt sich ebenfalls wie Wellen.

Ich komme gleich zum Punkt – keine Angst! Jetzt kommt so langsam die Brücke zum Manifestieren: Die Wissenschaftler also in hellem Aufruhr taten das, was sie am besten konnten. Sie schauten noch mal genauer hin, zeichneten auf, werteten aus. Sie installierten ein Messgerät, um den Verlauf der einzelnen Elektronen genau zu beobachten. Und ob du es glaubst oder nicht – nun verhielten sich die Elektronen doch wieder wie Materie.

Heute hüh, morgen hott? Launisch, oder was?!

Ohne es geplant zu haben, hatte Young mit dem Welle-Teilchen-Dualismus das Fundament für die Quantenmechanik gelegt. *Unbeobachtet* verhält sich ein Quantum wie eine Welle, das heißt wie ein Energiefeld mit dem Potenzial, unendlich viele verschiedene Zustände einzunehmen. Also alles ist möglich, wissenschaftlich ausgedrückt.

Beobachten wir jedoch das Quantum, wird es plötzlich zum Teilchen. Physiker sprechen dann vom »Zusammenbrechen der Wellenform« (Doppelspaltexperiment).

Zugegeben, das Ganze aufs Manifestieren zu übertragen, ist in der Wissenschaft noch umstritten. Widerlegt ist es allerdings auch noch nicht.

Man kann diese Erkenntnisse dafür anführen, dass etwas noch nicht existiert, bevor es *beobachtet* wird, also bevor ihm Aufmerksamkeit geschenkt wird. Erst die Beobachtung, die Aufmerksamkeit lässt es zu Materie werden, das heißt erschafft und manifestiert es. Damit »es« zukünftig auch noch das wird, was du *bewusst* willst, schauen wir jetzt mal ein bisschen genauer auf dein Unterbewusstsein.

DEINE NÄCHSTEN SCHRITTE ZUM ERFOLG

Um dich bei all dem Detailwissen aus diesem Kapitel zu unterstützen, haben wir ein Video und schematische Darstellungen erstellt. Frei nach dem Motto – ein Video und ein Bild sagen mehr als tausend Worte.

Unter www.millionaerinvonnebenenan.de/buch-bonus kannst du dir dein gratis Erfolgstagebuch bestellen und dir den Manifestationskreislauf noch einmal genauer erklären lassen.

4
VÖLLIGE ORIENTIERUNGS-LOSIGKEIT
ODER: HALLO UNTERBEWUSSTSEIN

Mit all dem bisherigen Wissen bist du mir schon um ein Vielfaches voraus im Vergleich zu meinem Start 2018. Zu Beginn meines gebuchten Coachings hatte ich von diesen ganzen Dingen natürlich noch keine Ahnung. Ich hatte überhaupt keine Ahnung von irgendwas von dem, was wir in den Videokonferenzen mit allen Teilnehmern des Coachings besprachen.

Kennt du Tobi Beck? Laura Malina Seiler vielleicht? Oder Tony Robbins? Nein? Alles sehr bekannte Menschen im Bereich der Persönlichkeitsentwicklung. Die haben Hunderttausende von Fans, Kunden und Followern. Sie haben Bücher geschrieben und füllen ganze Hallen mit Menschen, die hören wollen, was sie sagen. Ich kannte sie damals nicht. *The Secret* hatte ich wie gesagt auch nicht gelesen und auch sonst kam ich mir erstmal vor wie die Frau hinterm Mond und der Depp vom Dienst.

Zum Glück gibt es das Sprichwort: Sei immer die dümmste Person im Raum. Dann hast du das größte Wachstumspotenzial.

Der Satz ging bei mir wirklich zu 1.000 Prozent auf. Auch wenn ich diesen Satz damals ebenfalls noch nicht kannte.

Ich hatte nach der Geburt meines zweiten Sohnes so eine Art postnatale Depression. Ein Symptom bei mir damals war, dass ich das Gefühl für mich verloren hatte. Ich wusste nicht mal mehr, ob ich das Spiel »Mensch ärgere dich« mag oder nicht. Ob ich lieber Spaghetti mochte oder Pizza. Ich konnte solche Fragen nicht beantworten. Und genauso orientierungslos habe ich mich als »dümmste Person im Raum« gefühlt, als das Gesetz der Anziehung völlig unvorbereitet in mein Leben trat.

Aber eins nach dem anderen.

Ich habe von Tag 1 des Coachings an das Gesetz der Anziehung für mich als 100 Prozent wahr eingestuft und als zukünftigen Kompass für mein Leben etabliert. Vielleicht kann ich dich ja ebenfalls dafür gewinnen. Hast du gewusst, dass dein Unterbewusstsein keinen Unterschied macht zwischen Realität und Virtualität? Dass es keinen Filter hat, das zu unterscheiden? Dein Gehirn weiß nicht, ob du gerade etwas wirklich erlebst oder ob es nur in einem Film, in einem Buch oder in deinen Gedanken geschieht.

Schaust du dir einen Horrorfilm an, sorgt dein Gehirn dafür, dass du dieselben Stresshormone (zum Beispiel Adrenalin) produzierst, als würdest du selbst die Situation erleben. Dasselbe gilt für Lachen in Komödien – da schüttest du ebenfalls stimmungsaufheiternde Hormone wie Serotonin oder Oxytocin aus, obwohl du nur auf der Couch oder im Kino sitzt. Und wenn du eine Minute lang *am Stück* deinen Mund zum Grinsen zwingst, stimuliert diese Muskelposition das Gehirn dahingehend, dass es denkt, es gehe dir gut. Auch dann schüttet es entsprechende Hormone aus. Verrückt, oder?! Es geht dir mies, du zwingst dich, eine Minute zu grinsen, dein Körper produziert Glückshormone, und auf einmal fühlst du dich besser?! Wahnsinn. Also, wenn das nicht zu völliger Orientierungslosigkeit führt, dann weiß ich auch nicht. Auf einmal wird ALLES beeinflussbar. Alles, was bisher völlig normal war, wird auf einmal infrage gestellt. Alles wird relativ.

Was ich in dem Moment des Coachings in jedem Fall wusste, war, dass ab sofort Radio und TV tabu sein würden. Und tabu hieß bei mir auch wirklich tabu. Ich strich es aus meinem Alltag. Schließlich gab es dort größtenteils nur schlechte Nachrichten. Oder irgendwelche Glaubenssätze, die mir nicht dienen. Und mir reichten bereits die in meinem Kopf.

Meine selbst gewählte Nachrichtenisolation hatte allerdings auch Nebenwirkungen. In Gesprächen mit Freunden zu Politik und Gesellschaft hielt man mich, glaube ich, das ein oder andere Mal für ungebildet, weil ich bei vielen aktuellen Geschehnissen nicht mitreden konnte. Doch den Preis, dass mich Menschen für dumm hielten, wenn ich nicht über alle schlechten Nachrichten der Welt informiert war, war ich bereit zu zahlen. Wahrscheinlich fragten sie sich auch, wie man so viel Geld machen kann, wenn man von der Welt keine Ahnung hat.

Ich würde eher die Frage in den Raum werfen, ob es vielleicht genau andersrum ist. Warum? Nun, wenn es wirklich wahr ist, dass mein Unterbewusstsein keinen Filter hat und der Universumskellner ein Schweizer Seismograph ist, wollte ich nur noch sehr ausgewählte Dinge in meinen Kopf lassen.

Was ich zudem in meinem Leben sofort änderte, war, mich mit kaum mehr jemandem zu verabreden. Das war der wohl herausforderndste Part. Ich tat dies nicht, weil ich meine Freunde nicht mehr mochte. Natürlich mag ich alle meine Freunde! Damals wie heute! Allerdings fiel mir auf, dass wir uns größtenteils über »Belangloses« unterhielten. Oder noch schlimmer: über Probleme. So wie es die meisten tun. Politik, Arbeit, Schule, Kindergarten. Meistens läuft irgendwo was nicht. Das heißt nicht, dass wir keinen Spaß hatten! Wir haben durchaus viel gelacht.

Achtung – bevor du jetzt denkst, dass du, um die nächste Millionärin von nebenan zu werden, zur sozial isolierten Spaßbremse werden musst – ähm, nein, keine Sorge.

In meinem damaligen Fall waren es einfach keine Gespräche, die mich zu Größerem inspirierten. Die sich mit großen, kaum vorstellbaren Zielen beschäftigten. Es waren keine Gespräche, bei denen wir uns nur noch darüber unterhielten, wie wir es zukünftig gerne haben WOLLEN, anstatt darüber, wie es gerade *ist*. Gespräche, mit denen wir ein Feuerwerk entzünden könnten über all das, was noch möglich ist!

Du erinnerst dich: Deine Gedanken von heute formen deine Realität von morgen, von nächster Woche, vom nächsten Monat, vom nächsten Jahr und so weiter.

Dieser Schritt, dass ich mich zurückzog, traf nicht nur meine Freunde völlig unerwartet. Es traf vor allem meinen Freund Lukas. »Schatzi, wollen wir uns nicht mit denen treffen? Die sind doch *wirklich* nett! Die sind *wirklich* Mindset-tauglich! *Wirklich*!«, versuchte er mich nicht nur einmal zu überreden.

Das Ganze garnierte er mit einem erwartungsvollen, freudigen, hoffenden Gesichtsausdruck, so als würde man einem Kind mit aller Kreativität Spinat und Brokkoli schmackhaft machen wollen.

»Lu, du kannst dich *wirklich* super gerne mit denen treffen. Aber ich möchte lieber zu Hause bleiben«, antwortete ich ebenfalls mehr als einmal. Ich rechne Lukas hoch an, dass er mir vertraut und mich auch hier unterstützt hat, obwohl es für ihn sicherlich oft auch nicht leicht war, diese Veränderungen nachzuvollziehen. Deswegen heißt es wahrscheinlich: Vertrauen ist nicht gleich wissen.

Zusätzlich zu der auf einmal mangelnden gemeinsamen Gesprächsbasis mit meinen Freunden war ich auch einfach *sehr* mit mir selbst beschäftigt. In meinem Kopf feierten die Ängste und Zweifel die Party ihres Lebens. Ich erklärte mich ständig selbst für verrückt, so viel Geld ausgegeben zu haben und es nach Wochen noch nicht wieder drin zu haben. Es überforderte mich zu diesem Zeitpunkt vollkommen, den Rahmen meines Denkens zu verrücken. Da bekommt das Wort »*ver*rückt« auf einmal eine ganz neue Bedeutung.

Ich konnte gerade noch meine zwei Kinder und mich im Alltag händeln. Aber anderen das Ganze zu erklären? Sie dafür zu begeistern? Deren Fragen, Zweifel, Sorgen und Ängste auch noch umzuwandeln? Nein, das war zu viel für mich.

Mein Coach hat mir auf jede Frage, die ich gestellt habe (etwa: Was ist die beste Positionierung für mich? Das zahlt doch keiner! Wie kriege ich das verkauft? Facebook-Posts schreiben dauert so lange et cetera) immer nur eine Gegenfrage gestellt: »Wie willst du es haben?«

Irgendwann habe ich gekocht vor Wut! Ich habe das als Ohrfeige empfunden und konnte monatelang nur antworten: »So jedenfalls nicht!«

Ich wusste einfach nicht, was ich haben will. Und wie ich es haben will. Wie auch? Ich war so damit beschäftigt, die bisherigen Gedanken, Zweifel und meine aktuelle Realität, die so anders war als meine Ziele, immer wieder einzufangen und zu neutralisieren, dass für meine Strategie kaum Platz war.

Von positiv formulieren, von Wunschvorstellungen und bewusstem Manifestieren ganz zu schweigen.

Woher kam das nur?

DEINE NÄCHSTEN SCHRITTE ZUM ERFOLG

Um dein Unterbewusstsein beim Filtern zu unterstützen und zukünftig nur noch mit den Informationen zu füttern, die dich auf deinem Weg zu Erfüllung und finanziellem Erfolg unterstützen, hier meine Empfehlung für deine

NOT-To-do-Liste

- Kein TV
- Kein Radio
- Kein Social Media Stream, sondern nur aktiv die Gruppen, Stories et cetera, die dich unterstützen und weiterbringen.
- Keine Nachrichten (die wirklich wichtigen Dinge werden dich erreichen)

Und hier meine Empfehlungen für deine neue
To-do-Liste

- Tägliches Führen eines Erfolgstagebuchs
- (dein kostenfreies Erfolgstagebuch von Millionärin von nebenan kannst du dir hier bestellen:
- www.millionaerinvonnebenan.de/buch-bonus)
- Höre deinen eigenen Gedanken zu – wie redest du mit dir selbst? Was liefert dir der Autopilot ganz ungefragt?
- Erlaube dir, Verabredungen abzusagen, die dir nicht guttun.

Es gibt noch hundert weitere Dinge, die du tun kannst. Besser ist es, ein paar wenige Dinge konsequent umzusetzen, statt viele Dinge nur für ein paar Tage.

5
EIGENVERANTWORTUNG
ODER: DIE REISE VOM WOLLEN ZUM KÖNNEN UND WIEDER ZURÜCK

Als Kind weiß man ganz genau und kann es lauthals kundtun, was man *jetzt* gerade will und *dringend* braucht, weil sonst die Welt untergeht. Und mit *jetzt* meine ich *jetzt. Sofort.* Wie schafft man es nur im Laufe seines Heranwachsens, diese Fähigkeit zu vergraben?

Wie sollte es anders sein: Es sind die lieben Eltern, die den Kindern die Schaufel zum Vergraben geben. Zum Glück bin ich auch Mama – ich darf das also sagen. Natürlich tun wir dies in bester Absicht. Schließlich wurde es uns ja ebenfalls so beigebracht; also geben auch wir es an die nächste Generation weiter. Und so weiter und so fort.

Kinder hören immer wieder: »Das *können* wir jetzt nicht machen. Das *können* wir nicht kaufen. Nein, es *gibt* jetzt keine Schokolade. Nein wirklich nicht. Das geht einfach nicht. Das musst du jetzt aber wirklich einsehen.«

Nein, das müssen sie eben nicht! Wir *können* fast alles sehr wohl kaufen. Wir *wollen* aber nicht. Und natürlich *gibt* es Schokolade. Aber *ich will* nicht, dass *du* gerade noch mehr isst. Kinder wissen das intuitiv, wie mir meine beiden Jungs nicht nur einmal gezeigt haben.

Beispiel von meinen beiden Jungs:

Als Henri Hannes einmal auf den Kopf haute, ging ich dazwischen: »Das kannst du doch nicht machen?!«
Henri: »Doch Mama. Siehst du doch.«
Ich: …
Oder als Hannes Schokolade essen wollte, sagte ich ihm: »Es gibt jetzt keine Schokolade.«
Hannes: »Doch, Mama. Schau – du musst nur den Schrank da aufmachen. Da gibt es Schokolade.«
Ich: …

Siehst du den Unterschied? Kinder arbeiten mit *genau* dem, was wir sagen. Ich sage »Du *kannst* nicht«, aber in der Realität *kann* mein Kind natürlich … Und Erwachsene können übrigens auch. Das Gleiche gilt für das Dürfen.

Was können und dürfen aussagt, ist, dass wir die Verantwortung außerhalb von uns suchen.

Wir *können* jetzt nicht den Porsche kaufen, weil … wir nicht genügend Geld haben, weil die Wirtschaft schlecht ist oder der Chef mir nicht mehr Geld zahlt.

Eigenverantwortlich wäre: Ja, ich *kann* jetzt den Porsche kaufen. Aber ich *will* ihn jetzt nicht kaufen, weil … ich zum Beispiel lieber eine Eigentumswohnung will. Oder weil ich nicht den Job wechseln will. Oder weil ich nicht dafür in eine kleinere Wohnung ziehen und zehn Jahre lang auf Urlaub verzichten *will*, um die Leasingrate bezahlen zu können.

Es ist eine Frage der Priorität!

Das Porsche-Beispiel ist ein Extrembeispiel, da ich dein Können und Wollen durchaus etwas provozieren will. Du kannst es auf jedes beliebige andere Beispiel übertragen.

Höchstwahrscheinlich haben wir die ganzen kann-Formulierungen ein paarmal zu oft gehört und halten sie daher heute wirklich für *wahr*. Es fühlt sich zu 100 Prozent so an, dass wir das nicht *KÖNNEN*. Es fühlt sich zu 100 Prozent so an, dass es *unmöglich* ist. Dass es absolut *nichts* mit dem *Willen* zu tun hat. Hab' ich recht?

Zudem hört es sich wesentlich härter an, die Wahrheit zu sagen. An der Supermarktkasse neben der Quengelware zu stehen und zu sagen: ich *kann* dir diese Schokolade kaufen. Ich *kann* das ganze Regal kaufen. Wir haben genügend Geld. Und – ich *will* es nicht.

Herzlichen Glückwunsch! Der Pokal für die kaltherzigste Mutter ever geht an … Stephanie Raiser!

In den Momenten beamt es mich immer zurück in die Spielwarenabteilung des Kaufhauses Breuningerland Ludwigsburg kurz vor Weihnachten, als ich mit fünf Jahren vor all diesen riesigen Lego-Paketen stand, die ich alle unbedingt haben wollte. Als meine Mama zu mir sagte: »Nein, Stephele, das können wir nicht kaufen. 100 Mark sind zu teuer.« Es hat mir als Kind das Gefühl gegeben, dass meine Mutter es total gerne gemacht hätte, wenn es irgendwie möglich gewesen wäre. Aber es war eben nicht möglich. Es ging nicht. Wir *konnten* das nicht. Wirklich nicht.

Wie du sicherlich merkst – real gesehen hätten wir das durchaus *gekonnt*. Aber nicht im Kopf und damit auch nicht in der Realität meiner Eltern.

Entsprechend habe ich diese Sprache und diese Gefühle des Nicht-Könnens übernommen. Die eigene Sprache zu beobachten und anzupassen kostet teilweise viel Aufmerksamkeit und Anstrengung. Doch mit der Sprache verändern sich auch die Gedanken, denn Sprache macht Gedanken sichtbar.

Mit folgendem Ergebnis für meine Kids. Die sind da nämlich völlig anders. Wenn ich beispielsweise sage, dass ich etwas nicht kann, zum Beispiel sie den Rest des Weges tragen, erst noch zwei Stunden mit ihnen spielen oder ein Flugzeug kaufen, antworten sie mir postwendend: »Doch Mama, du musst dir nur immer sagen, dass du das schaffst! Du musst es wirklich wollen! Und dann kannst du das auch.« In diesen Momenten weiß ich immer nicht, ob ich genervt sein oder lachen und stolz sein soll.

In jedem Fall freue ich mich, dass sie den Unterschied kennen und für sich damit gelernt haben, dass sie – nahezu – alles schaffen, haben und erreichen *können*. Wenn sie denn *wollen*. Kleine zeitliche Verzögerungen zwischen Wunsch und Zielerreichung dürfen noch einkalkuliert werden.

Was bedeutet das nun? Es bedeutet, dass wir ein Leben in Eigenverantwortung leben *können* und *sollten*. Und in Selbstermächtigung.

Unser Leben ist nicht von den Umständen abhängig. Von *Können* spricht man nur dann, wenn man physisch und oder psychisch selbst nicht in der Lage ist. *Wollen*, weil man andere Prioritäten hat. Wenn wir in anderen Fällen von *Können* sprechen, lagern wir die Verantwortung aus. Denn dann sind die Umstände schuld.

»Ich *kann* das nicht tun, weil der Partner nicht mitzieht. Weil ein Rentenfonds wirklich wichtig ist. Weil Schulden zu machen unvernünftig ist. Weil die Kinder nicht in der Betreuung sind. Weil Sicherheit und ein regelmäßiges Einkommen einfach zu wichtig sind. Sonst würde ich echt gerne wollen, aber unter diesen Umständen ...«

Richtigerweise sollte es heißen, ich *möchte* (oder noch krasser ... ich *will*) das gerade (nicht). Höchstwahrscheinlich fühlt sich dieser Satz unbequem an. Im ersten Moment. Vielleicht auch eine Spur zu ehrlich in unserer eher angepassten Welt.

Nur, weißt du, mit *Wollen* bekommst du die Macht zurück. Über deine Gedanken. Über dein Leben. Über das, was du wirklich willst.

DEINE NÄCHSTEN SCHRITTE ZUM ERFOLG

Ich möchte dir hier ein paar Beispiele für neue Formulierungen zeigen, und ich traue dir hiermit ganz offiziell die Transferleistung zu, dass du die Beispiele auf dich anpassen kannst:

- Bisher: Ich *kann* das nicht machen, weil mein Partner nicht mitzieht.
  Neu: Ich *will* mich nicht mit meinem Partner auseinandersetzen und ihn überzeugen. Das ist mir zu anstrengend. Und wenn ich ehrlich bin, ich bin selbst nicht ganz sicher. Und ich will die Verantwortung nicht allein tragen. Was, wenn es schiefgeht?
- Bisher: Ich *habe* kein Geld. Und das Geld, das ich habe, da komme ich nicht ran. Das ist für die Rente.
  Neu: Ich habe Geld, aber ich *will* die Sicherheit eines Rentenfonds nicht aufgeben. Was, wenn es schiefgeht? Ich habe Angst vor Altersarmut, und deswegen bleibe ich jetzt lieber angestellt. Mit meinem regelmäßigen Gehalt und einem Puffer auf dem Konto schläft es sich besser. Au-

ßerdem traue ich meinen eigenen Fähigkeiten nicht hundertprozentig, und daher ist mir das Risiko einer Selbstständigkeit zu groß.

- Bisher: Ich habe niemanden, der mir so viel Geld leiht. Neu: Ich *will* nicht meine Eltern um Geld bitten, weil ich nicht weiß, ob ich es mit der Selbstständigkeit wirklich schaffe. Ich will sie nicht enttäuschen. Außerdem ist es mir peinlich, andere Leute um Geld zu bitten. Dann lieber nicht.
- Bisher: Ich habe Kinder. Da geht das nicht.
  Neu: Ich *will* nicht immer noch abends arbeiten oder lernen. Das ist mir (gerade) einfach zu viel und ich bin nicht bereit, um (mehr) Hilfe zu bitten oder mich einzuschränken oder (noch) mehr zu machen.

Ja, das kann sich oft nicht so gut anfühlen. Weil es eigene Begrenzungen aufdeckt. Ich bitte dich, es dennoch für einen Moment so stehen zu lassen. Es sind absichtlich etwas extremere Formulierungen. Du bist hier nur für *dich*. Niemand bewertet hier irgendwas. Taste dich einfach langsam ran, ehrlich mit dir selbst zu sein. In einem nächsten Schritt kannst du dann weitergehen und schonungslos ehrlich sein.

Und dann heißt es: Herzlich willkommen in der eigenen Macht. Über deine Gedanken. Deine Gefühle. Deine neue Realität.

TEIL III
DEIN WERKZEUG-KASTEN FÜR EIN NEUES DENKEN

1

DER LOUIS VUITTON-DURCHBRUCH

ODER: DER AUTOPILOT LÄSST GRÜSSEN

Das erste Live-Event zu meinem sündhaft teuren Coaching-Programm stand an. In einem 5-Sterne-Luxushotel. Wo auch sonst. Was für mich allerdings gleich einmal die erste Hürde bedeutete. Ich hatte – aus meiner damaligen Perspektive – meine besten Klamotten angezogen, in denen ich gleichzeitig nicht zu geschniegelt aussah. Ich trug also eine bunt gemusterte, etwas feinere Hose, ein orangefarbenes Oberteil und eine lange Strickjacke. Schließlich muss ich meinen Po verdecken. Mein unterirdisches Selbstwertgefühl gegenüber meinem Körper hatte ich ja bereits erwähnt. Dass ich überhaupt den Gang durch die Lobby überlebt habe, war für mich eine riesige persönliche Errungenschaft, da mein Gehirn mir die ganze Zeit weismachte, ich hätte ein riesiges, blinkendes Leuchtschild über meinem Kopf hängen mit den Worten »ICH GEHÖRE NICHT HIERHER!« Herrlich. Selbstbewusstsein ist also etwas anderes.

Ich war noch nie in einem 5-Sterne-Luxushotel – und hatte auch nicht vor, das außer für ein Seminar zu verändern.

Irgendwie schaffte ich es aber dann doch durch die Lobby bis zum Seminarraum im dritten Stock. Da saßen nun die sieben Frauen, die ich alle bereits seit Wochen über Online-Videokonferenzen kannte. Es war sofort, als würden wir uns schon ewig kennen. Und so fing auch mein gegen Geld und Luxus rebellierendes Unterbewusstsein langsam an, sich zu beruhigen.

Wir sprachen über Ziele, über Kommunikation, über Positionierung – über alles, was man eben so braucht für ein erfolgreiches Online-Business. Ich fühlte mich wohl. Bis mein Coach kurz vor der Mittagspause eine Ankündigung für den Nachmittag machte, die *alle* Wachhunde meines Unterbewusstseins in Vollalarm versetzte: »Wir gehen heute Nachmittag zusammen auf die Goethestraße. Bisschen Luxusshoppen oder zumindest Bummeln. Damit ihr schon mal wisst, wie sich Geld anfühlt, und Ideen dafür bekommt, für was Ihr es ...«

Alles danach war nur noch ein dumpfes Piepen in meinem Ohr. Eigentlich hatte ich schon beim Wort »Luxusshoppen« in den Notfallmodus geschaltet. Und das Schlimmste – warum sagte niemand was? Warum rebellierte niemand? Wieso sagte keine der anderen Teilnehmerinnen, dass das ja wohl wirklich nicht nötig sei und auch nicht zu einem Business-Coaching gehöre? Wieso beschwerte sich niemand, dass man die Zeit ja wohl sinnvoller mit Übungen oder weiterem Input nutzen könne? Wieso sagte niemand, dass mehr Geld haben ja wohl keinesfalls was mit Luxus zu tun haben muss und dass Luxus völlig überbewertet sei? Dass Reiche arrogant, überheblich und verschwenderisch sind und das ja wohl zu uns allen überhaupt nicht passt? Warum saßen alle nur da und nickten?

Ich war wirklich nicht diejenige, die sich in Seminaren freiwillig zu Wort meldete – außer ich konnte mit meinem Wissen glänzen und zeigen, wie toll ich aufgepasst und mich vorbereitet hatte. Außerdem: den Coach kritisieren? Äh, lass mich kurz nachdenken ... auf gar keinen Fall! Aber jetzt musste es sein. Wenn sich schon kein anderer getraute. Schließlich ging es hier um Leben oder Tod meines aktuellen Geld-Unterbewusstseins!

»Äääähmm, ich möchte da nicht hin«, hörte ich mich plötzlich sagen. »Das ist einfach nicht meins. Das ist nicht meine Welt. Das ist mir alles zu oberflächlich. Schon dieses Hotel hier ist überhaupt nicht meins. Ich hab's einfach nicht mit Luxus. Also, es ist wirklich vollkommen okay, wenn andere Leute Luxus wollen. Ich toleriere es auch. Aber für mich ist das nichts. Für meinen Freund auch nicht. WIR wollen das nicht! Daher möchte ich heute Nachmittag nicht mitgehen.«

Bähm! Da war er, mein Unterbewusstseinsautopilot. Mein Unterbewusstsein hatte die volle Kontrolle übernommen. Ich war offiziell nicht mehr in der Lage, rationale und neutrale Entscheidungen zu treffen und neue, unbekannte Dinge aufzunehmen.

Ich bekam davon selbstverständlich damals nichts mit. Mein Unterbewusstsein lief geradezu auf Hochtouren und mein Bewusstsein war abgemeldet.

Lass mich das ein wenig näher ausführen:

Wir Menschen verfügen über ein Bewusstsein und ein Unterbewusstsein. Wir meinen zwar, dass wir freie Entscheidungen treffen, und es ist uns auch ganz wichtig, das immer wieder zu betonen. Meinungsfreiheit, der freie Wille, Religionsfreiheit, Gleichberechtigung, et cetera. Aber in Wahrheit laufen wir alle zu 95 Prozent unterbewusst, das bedeutet: auf Autopilot. Das ist für ganz viele Prozesse unseres Alltags auch gut so, weil wir sonst immer noch bewusst nachdenken müssten, wie Autofahren, Zähneputzen oder Laufen funktioniert. Fürs Denken ist es aktuell nicht so geeignet.

Das heißt, 95 Prozent unserer Meinungen und Entscheidungen laufen an unserem Bewusstsein vorbei. Da wir uns dessen aber eben *nicht bewusst* sind, beißt sich hier die Katze in den Schwanz und wir halten übernommene Prägungen für den freien Willen.

Was bedeutet das genau? In den bewussten 5 Prozent finden Erkenntnisse statt, dort lernen, analysieren, bewerten und verarbeiten wir Informationen. Dort *verstehen* wir, dass Geld wichtig ist. Dort befassen wir uns mit dem Thema Selbstliebe und verstehen, dass Mütter auch nur Menschen sind. Dort machen wir Diät- und Sportpläne. Und glauben jeden Tag aufs Neue daran, dass wir sie morgen einhalten.

Das Bewusstsein ist ständig angeschaltet und liefert uns einen Gedanken nach dem anderen. Davon sind etwa 80 Prozent immer dieselben. Wenn wir unseren Schlaf herausrechnen, bedeutet das, dass wir etwa einen Gedanken pro Sekunde haben. Jeden Tag. Und zwar größtenteils immer dieselben. Und es kommt noch besser: Von der Gesamtsumme her gesehen sind nur etwa 3 Prozent unserer Gedanken positiv.

Da wundert mich jetzt ehrlich gesagt nichts mehr, dass ich es 25 Jahre weder geschafft habe, abzunehmen noch Millionärin zu werden – ohne Mindset-Arbeit und Manifestieren.

Hast du schon mal versucht, wirklich an *nichts* zu denken? Dass das klappt, habe ich tatsächlich höchstens von Männern gehört – und auch geglaubt. Kleiner Spaß. Einer Frau würde ich das *nie* glauben. Das weibliche Bewusstsein macht nur eine Pause, wenn wir schlafen. Aber es geht gefühlt schon vor dem Augen aufschlagen morgens wieder los.

Unser Unterbewusstsein ist der Teil unseres Gehirns, der *nicht* auf rationale oder analytische Informationen zugreifen und entsprechend reagieren kann. Er ist für Gefühle und Informationen verantwortlich, die wir in der frühen Kindheit aufgenommen haben. Und zwar *ungefiltert*.

Ja, genau: Unser Unterbewusstsein hat keinen Filter, das heißt, es kann nicht unterscheiden, ob etwas »wahr« beziehungsweise »richtig« ist oder nicht. Wenn unsere Eltern uns vorleben, dass Geld immer knapp und nur durch harte Arbeit zu erlangen ist, glauben wir das. Wenn wir vorgelebt bekommen, dass es okay ist, Schweine und Kühe zu essen, aber keine Hunde und Pferde, glauben wir das. Wenn wir vorgelebt bekommen, dass Männer arbeiten gehen und Frauen zu Hause bei den Kindern bleiben, erachten wir das als normal. Völlig unabhängig davon, ob es in anderen Familien, Gesellschaften, Kulturen vielleicht ganz anders ist. »Normal« ist, was bei uns zu Hause abläuft.

Bei mir zu Hause war es normal, dass Luxus etwas Negatives ist. Dass Sparsamkeit und bloß nicht auffallen eine Tugend ist. Dementsprechend war ich noch nie in einem Luxusgeschäft gewesen. Geschweige denn in einem Luxushotel. Woher sollte ich also objektiv wissen, ob Luxus etwas für mich war oder nicht? Ob Reiche wirklich oberflächlich sind? Ob mir in Luxusgeschäften etwas gefällt? Und sogar passt? *Objektiv* wusste ich nichts dazu.

Es ist unser Unterbewusstsein, das uns stets und ständig die gewohnten Glaubenssätze vor die Nase hält. Das Gute daran: So müssen wir uns nicht bewusst mit einer Thematik auseinandersetzen. Ist doch viel einfacher so. Wir brauchen gar nicht nachzudenken – unser (gesellschaftliches) Unterbewusstsein liefert uns ungefiltert und ohne Anstrengung passende Antworten. Wir müssen sie ja nicht «Vorurteile« und »Komfortzone« nennen. Unser Unterbewusstsein führt uns immer wieder auf den sicheren Weg, hält uns da, wo schon unsere Eltern jahrelang waren, und was uns wunderbar sicher hat überleben lassen. Und zwar selbst dann, wenn wir eigentlich alles anders machen *wollen* als unsere Eltern. Mehr als Überleben braucht das Unterbewusstsein nicht. Und schon gar nicht meins. Das heißt: Kein. Luxus. Für. Mich!

Hinzu kommt: Unser Unterbewusstsein macht das Ganze so geschickt, dass wir ständig der Meinung sind, wir wären reflektiert, hätten uns diese Meinung wirklich frei ausgesucht, wären wirklich objektiv. Wir denken: Man kann es doch gar nicht anders sehen. Und dass alle anderen, die es doch anders sehen, falschliegen.

Mit diesem Buch bist du auf dem besten Weg, das ab heute zu ändern, dein Unterbewusstsein mit deinen bewussten Wünschen zu synchronisieren und die Ziele zu erreichen, die du dir schon lange wünschst, aber bisher noch nicht erreicht hast.

> *Unser Bewusstsein denkt, es wäre der Chef. Ist es aber nicht.*
> *Unser Unterbewusstsein denkt gar nicht, ist aber der Chef.*
>
> JEN SINCERO

So, und um die Luxusshoppen-Therapie-Geschichte abzuschließen: Mein Unterbewusstsein hatte so stark rebelliert, dass ich, statt in der Mittagspause etwas zu essen, so lange geweint habe, bis ich vor lauter Erschöpfung in einer Ecke des Seminarraums eingeschlafen bin. Die Gedanken, was die anderen da wohl von mir gedacht haben, verdränge ich bis heute.

Aber ich habe mich überwunden und bin eben dann doch mitgegangen! Das Pflichtbewusstsein, die 8.000 Euro Coaching-

Investition wieder reinzuholen – koste es, was es wolle –, war noch fest in meinem Unterbewusstsein verankert und hatte den inneren Kampf gegen die Luxus-Abneigung in diesem Fall gewonnen. Also bin ich schön hinterhergedackelt und habe einfach nur aufs Überleben gehofft. Bis ich das erste Mal bei Louis Vuitton im Laden stand. Und die anderen Kundinnen sah: 18-jährige Mädchen, die sich völlig normal darin bewegten, Sachen anfassten und anprobierten. Unfassbar! Das triggerte etwas in mir und ich dachte: Was die können, kann ich schon lange. Wäre ja gelacht.

Natürlich schaute ich trotzdem nur auf die Preisschilder. Ich tat zwar so, als würde ich die Größe schauen oder das Material begutachten, doch tatsächlich war Geld bei mir bis dahin der *einzige* Entscheidungsfaktor. Was ich mir nicht leisten kann, kann ich mir nicht leisten. Da beißt die Maus keinen Faden ab.

Kommt dir bekannt vor? Keine Sorge, den Satz lösen wir noch!

Und ich verbrannte mir regelrecht die Finger an den Preisschildern! Kennst du das, wenn dir ein Preisschild einen imaginären Stromschlag verpasst? Nein? Dann solltest du unbedingt mal unvorbereitet in Luxusgeschäfte gehen.

Schließlich fand ich jedoch ein Kleid, das ich wirklich, wirklich, wirklich wunderschön fand. Ein kleines Schwarzes. Mit Spitze. Größe 38. Die Verkäuferin nickte zustimmend. Ich schaute sie skeptisch an. Ich? Größe 38? Bei Louis Vuitton? Come on ...

Aber der Coaching-Investition von 8.000 Euro sei Dank – ich probierte es an.

Ich weiß nicht, welche Synapsen ein größeres Feuerwerk in meinem Gehirn abfackelten: die, die es überhaupt nicht glauben konnten, dass *mir* etwas bei Louis Vuitton passt! Oder die, die überhaupt nicht mehr wussten, wo oben und unten war, weil ich tatsächlich in einem Louis-Vuitton-Laden stand, mich bedienen ließ und gerade ein Kleid für 2.200 Euro anprobierte.

Es fühlte sich an wie der Start von etwas ganz Großem. Und es stellte sich heraus, dass ich Recht behielt.

DEINE NÄCHSTEN SCHRITTE ZUM ERFOLG

Für die Mutigen unter uns und, wenn es bisher nicht dein Normal war, dich mit Luxus zu umgeben: besuche einige Luxusgeschäfte. Louis Vuitton, Prada, Chanel, Hermes.

Mache dir ein Bild von den Menschen, die dort einkaufen. Du wirst feststellen, dass alle nur mit Wasser kochen. Lass dich beraten, probiere etwas an.

Wenn du deine Vorurteile bestätigt findest, dann feiere dich für deine Manifestationskraft. Du bist davon ausgegangen und es ist auch so gekommen.

Vielleicht machst du aber auch die Erfahrung, dass du dich getäuscht hast und dass neben einigen Klischees auch vieles ganz anders ist, als du es dir vorgestellt hast. Dann feiere dich dafür, dass du es geschafft hast, deinen Denkrahmen zu verändern und neue Erfahrungen zu machen.

2

DANKBARKEIT ALS GAME CHANGER

ODER: DEINE EINSTIEGSDROGE FÜR EIN BESSERES LEBEN

Dankbarkeit, deine Einstiegsdroge für ein glücklicheres Leben.

Jen Sincero

Ich liebe diesen Satz. Er bringt es völlig auf den Punkt. Doch wie ist das mit dieser Dankbarkeit? Warum wird der Dankbarkeit so viel Aufmerksamkeit in der Persönlichkeitsentwicklung beigemessen? Nun, man könnte sagen: weil sie so kraftvoll daherkommt. Sie kann dich in Millisekunden in eine ganz andere Stimmung versetzen. Von jetzt auf gleich. Mit nur einem dankbaren Gedanken begibst du dich in eine ganz andere emotionale Liga.

Schauen wir uns das mal genauer anhand von Beispielen an. Vieles erscheint uns im Alltag so selbstverständlich, dass wir förmlich vergessen, dass wir auch dafür dankbar sein dürfen.

Ich bin glücklich und dankbar:

- Übergeordnet: für meine Gesundheit, meine Kinder, meinen Partner, meinen Job, mein Auto, mein Haus, meine Wohnung, meinen Körper, oder auch meine Krankenversicherung et cetera.
- Im Detail: für die frisch gepflückten Blumen aus dem Garten, die blitzenden Sonnenstrahlen am Morgen bei einer Tasse Tee, die heiße Badewanne mit dem Lieblingsbadeschaum, das knackige Croissant mit dem frischen Orangensaft, das nette Gespräch mit der Verkäuferin im Bäckergeschäft, die 197 Euro Steuerrückzahlung, den freien Parkplatz direkt vorm Kino, und so weiter und so fort.

Begib dich einmal für einen Moment in diese Stimmung der Dankbarkeit. Vielleicht passt eines der eben genannten Beispiele oder dir fiel anhand dessen eine Sache ein, die dich wirklich dankbar werden lässt. Und dann schließ die Augen. Atme einmal tief durch und spüre die Dankbarkeit für all diese Dinge in deinem Leben. Betrachte einmal dein Leben aus nachsichtigen Augen: In welchen (kleinen und größeren) Bereichen läuft es schon *richtig* gut bei dir?

Wo ist es mühelos, wo ist es leicht? Wo musst du dich gar nicht anstrengen, weil es einfach läuft? Wo ist schon Fülle da? Und sei es auch nur Fülle an Klopapier, grauen Haaren, Beweglichkeit, Süßigkeiten, Zeit mit den Kids oder sonst was. Sei dankbar. Irgendwo auf der Welt gibt es gerade jemanden, der ganz schön viel dafür geben würde, diese Fülle zu haben, die dir vielleicht gar nicht bewusst ist.

Deshalb: Sei einmal ganz bewusst dankbar, gern noch einmal mit geschlossenen Augen. Und dann schlag die Augen auf und spür in dich hinein. Spürst du die veränderte Energie? Mit einem Mal bist du ganz weit weg von all den Sachen, die gerade nur semigut laufen oder vielleicht auch überhaupt nicht. Du bist weg vom

Alltag. Mit einem Mal bist du da, wo es richtig gut läuft. Du bist da, wo du Fülle und Leichtigkeit fühlst. So unfassbar viel Fülle.

Es fühlt sich einfach großartig an, wenn man auf diesen Schatz schaut, der da vor einem liegt.* Mit deinen dankbaren Gedanken kannst du also innerhalb von Sekunden die Perspektive verändern. Wenn du eben noch gedacht hast: »Das wird *nie* was! Ich hab schon so viel probiert! Und unter diesen Umständen sowieso nicht ...«, denkst du nun: »Wow! Okay, so habe ich das noch gar nicht gesehen. Wenn ich das schon alles erreicht habe, dann kann ich auch noch mehr erreichen. Ganz schön viel läuft schon ganz schön gut in meinem Leben!«

Und weißt du, was beim Praktizieren von Dankbarkeit *noch* passiert? Du nutzt das Gesetz der Anziehung *für* dich. Du lässt es *für* dich arbeiten. Indem du dich auf das fokussierst, was schon so richtig gut in deinem Leben läuft, auf die Dinge, die dich glücklich machen, schickst du in diese Bereiche deine Energie und Aufmerksamkeit. Die Folge: Dein Universumskellner liefert dir mehr davon. Noch mehr Glück. Noch mehr Fülle – auch in den Bereichen, in denen gerade vielleicht eher Ebbe oder Anstrengung stecken. Sind das nicht großartige Neuigkeiten?

Vielleicht fragst du dich an dieser Stelle, ob es tatsächlich so einfach ist. Sagen wir mal so: So einfach ist zumindest das Prinzip. Manchmal bedeutet »einfach« zwar simpel, aber nicht unbedingt »leicht«. Dazu kommen wir aber noch.

Das Prinzip lässt sich sogar noch erweitern: Du kannst auch für Dinge dankbar sein, die du *noch* gar nicht hast, aber gerne

---

* Ein wahrer Schatzmeister in diesem Feld ist übrigens David Steindl-Rast. Suche auf Youtube einmal nach seinem Video »›A good Day‹ with Brother David Steindl-Rast«. Ich hoffe, es beeindruckt dich genauso wie mich.

haben *willst.* Du kannst deine Dankbarkeitsliste mischen aus Punkten, die tatsächlich schon real in deinem Leben existieren. Die sich bereits manifestiert haben. Und Punkten, die bisher nur in deinem Kopf existieren.

Du erinnerst dich: Weder dein Unterbewusstsein noch das Universum können unterscheiden, was sich lediglich in deinem Kopf abspielt und was in deiner Realität bereits *wahr* ist. Das Universum lässt keinen Soll/Haben-Abgleich über dein Leben laufen. Nein, es antwortet einfach mit: »Ja! Sehr wohl die Dame! Wird sofort geliefert.«

DEINE NÄCHSTEN SCHRITTE ZUM ERFOLG: 1. ZUKUNFTSDANKBARKEIT

Gehen wir nun einmal ins Detail der Zukunftsdankbarkeit. Die Dankbarkeit für das, was du zukünftig in deinem Leben sehen möchtest, entspringt dem Sein. Erst bin ich in meinem Kopf und meinem Erfolgstagebuch die Person, die ich sein möchte. Ich fühle sie. Ich höre sie. Ich sehe, was sie sieht. Ich sehe, wie sie (zukünftig) ist. Ich manifestiere sie mir. Ich will, dass sie sichtbar wird. Sich zeigt. Manifest wird. Dafür bedanke ich mich – schon jetzt.

Ich bin so glücklich und dankbar, heute 100.000 Euro und mehr einzunehmen. Heute mein Traumauto zu fahren. Ich bin dankbar für die erfüllende Beziehung, die ich jetzt in meinem Leben habe. Jetzt die Kunden zu betreuen, die mich einfach so gebucht haben und mit denen es richtig viel Spaß macht. Für die jetzt gebuchten Business Class-Flugtickets für die ganze Familie, für dein wieder gesundes Knie. Für dein starkes Selbstbewusstsein, deine Vitalität, das wieder aufgeflammte Verliebtheitsgefühl in deiner Beziehung, für die schwarzen Zahlen auf dem Unternehmenskonto und die Klarheit beim nächsten Kundengespräch. Ich bin dankbar, dass ich einer erfüllenden Arbeit nachgehen und gleichzeitig Zeit mit meiner Familie verbringen kann. Ich bin dankbar, dass ich heute Lösungen kenne, die ich mir früher nie vorstellen konnte.

Du merkst, es kommt auf die Formulierung an. Ich bedanke mich bei all den Sachen jetzt schon. Ich formuliere es im jetzt, nicht im bald, morgen oder übermorgen. Kein »ich möchte«, kein »ich werde«, kein »wenn ich dann …« – sei jetzt dankbar!

Vielen Menschen geht es bei der Übung so, dass der Verstand durchdreht. Es fühlt sich an wie lügen. Sich selbst in die Tasche lügen. Sich selbst etwas vormachen. Vielleicht zweifelst du an dieser Stelle. Und ich verstehe deine Zweifel.

Die aktuelle Realität ist vielleicht, dass du Single bist, obwohl du dir schon ewig einen Partner wünschst und die innere Uhr ticken hörst. Die Realität ist, dass jedes Gespräch mit einem neuen Kunden dir riesige Schweißflecke beschert. Die Realität ist, dass du in Arbeit ertrinkst und viel mehr Zeit mit deinen Kindern verbringen willst. Die Realität ist, dass da nicht das schicke Traumauto vor der Tür steht, sondern die praktische Familienkutsche.

Und das soll sich nun auf magische Weise ändern, wenn du dir das nur lang genug einredest und in Dankbarkeit schwelgst für etwas, das du noch nicht hast, sondern dir in deinem Kopf hübsch ausmalst? Vielleicht sagt dein Kopf: Ich wusste es doch. Dieses Buch ist Geldverschwendung. So wird man sicherlich nicht erfüllt und finanziell erfolgreich.

Denn da ist er: Der heilige Gral und Haken zugleich. So viel zu »einfach nur positiv denken und dankbar sein«! Es geht darum, den eigenen Verstand »ruhig« zu bekommen. Sich nicht all das zu glauben, was man bisher gedacht hat. Neues, Ungewohntes zuzulassen. Dieses Gefühl von »sich selbst etwas vormachen« für einen Moment auszuhalten. Es geht darum, dass du *wirklich* dein Denken änderst. *Wirklich* deine Gefühle änderst. Nicht nur für fünf Minuten. Nicht nur ein Mal pro Woche.

Mich hätte das früher sehr getriggert. Daher bin *ich dir* an dieser Stelle sehr dankbar, dass du diese Reise antrittst. Dass du nicht wie ich früher das Buch zuklappst und wieder ins Regal stellst. Auch wenn es nicht immer einfach ist und über Nacht geht – es geht viel schneller und einfacher als es dein bisheriges Mindset zulässt. Wenn du dich darauf einlässt.

Lass dir das auf der Zunge zergehen – *du* wirst Millionärin. Und du bist ja noch ganz am Anfang des Buches.

Wenn ich einen Wunsch an dich äußern darf: Versuch es doch einfach einmal. Was hast du zu verlieren?

> *Ich folge weiterhin meinem Herzen. Das muss der Verstand ja nicht wissen.*
>
> UNBEKANNT

DEINE NÄCHSTEN SCHRITTE ZUM ERFOLG: 2. ZWISCHENSCHRITTE FÜR MEHR GEFÜHL

Um deinen Verstand mitzunehmen hinsichtlich der zeitlichen Lücke zwischen »Sein« (dein neues Denken und Fühlen) und »Haben« (die neue Realität, die sich daraus manifestiert) habe ich einen Trick für dich. Versuch es einmal mit der folgenden Formulierung:

- *Ich bin auf dem schnellsten und besten Weg*, 100.000 Euro und mehr (am Tag / im Monat / im Jahr) einzunehmen.
- *Ich bin auf dem schnellsten und besten Weg*, mein Traumauto zu fahren.
- *Ich bin auf dem schnellsten und besten Weg,* die Kunden zu betreuen, die mich einfach so gebucht haben und mit denen es richtig viel Spaß macht.
- *Ich bin auf dem schnellsten und besten Weg*, eine erfüllende Beziehung zu führen und wunderschöne gemeinsame Erfahrungen zu machen.

Schau auch gerne mal im Kapitel »Chaining« vorbei. Da warten noch mehr Tipps und Tricks auf dich, um den inneren Kritiker auf deine Seite zu ziehen.

DEINE SCHRITTE ZUM ERFOLG: 3. DANKBARKEIT IM ALLTAG

Wenn du Dankbarkeit nun jeden Tag lebst und sie fütterst, stehen die Chancen sehr, sehr gut, dass du deine Ziele sehr schnell erreichst. So jedenfalls bin ich selbst an die Sache herangegangen, als ich meine eigene Persönlichkeit auf ein neues Level gebracht habe. Und du kennst ja den Spruch: »Mach alles, was dein Coach dir sagt.« Daher meine ganz klare Empfehlung im Sinne von »Umsatz kommt von umsetzen«: Integriere Dankbarkeit in deinen Tag. So oft es geht. Auch gerne bereits in einer Morgenroutine. *Und* den ganzen Tag über. Nutze hierfür ein Dankbarkeits- oder Erfolgstagebuch: www.millionärinvonnebenan.de/buch-bonus

Je mehr du es zur Routine machst – ganz so wie Zähneputzen –, umso weniger springt der Verstand an und quatscht dir jedes Mal wieder rein, um dich doch in der Komfortzone und sowohl in deinen Gedanken als auch in der Realität im Bestehenden zu halten. Mach dir Notizen, klebe Bilder ein (dein Gehirn *liebt* Bilder!), lass es lebendig und spürbar werden.

Wichtig: wer schreibt, der bleibt. In Gedanken im Bett, unter der Dusche beim Autofahren ist ein Add-On! Kein Ersatz.

Es ist tatsächlich ein anderes Commitment, es hat einen anderen Stellenwert, wenn du dir die Zeit nimmst, dein Buch aufschlägst und dich wirklich in dein neues Sein reinspürst und dankbar dafür bist.

Das Schöne: Irgendwann ist es eine neue Gewohnheit. Da ist es in Fleisch und Blut übergegangen. Dauerschleife Dankbarkeit. Der Autopilot in deinem Unterbewusstsein ist umprogrammiert. Er arbeitet *für* dich.

Haken gelöst. Simpel, einfach, leicht – alles auf einmal.

EXKURS: DANKBARKEIT FÜR FORTGESCHRITTENE

Jen Sincero bezeichnet die Dankbarkeit als »Einstiegsdroge«. Daher stellt sich natürlich die Frage nach der fortgeschrittenen Variante. Denn machen wir uns nichts vor: Irgendwann hat sich die Dankbarkeit ... so ein bisschen ... na ja ... abgenutzt. Ich zumindest habe mich irgendwann gefragt: Gibt es irgendwas für den nächsten Kick? Sozusagen Dankbarkeit 2.0?

Ich nenne die Dankbarkeit übrigens ebenfalls bewusst »Einstiegsdroge«. Ich selbst habe zwar mit Drogen absolut gar keine Erfahrung. Was man jedoch landläufig von Drogen weiß, ist: Sie machen abhängig, werden zum neuen Normal und man braucht immer mehr, um das Glückslevel zu halten.

Genauso verhält es sich auch mit der Dankbarkeit und anderen Werkzeugen der Persönlichkeitsentwicklung. Der Rausch, vor Freude zu tanzen, wenn die nächste Million und die nächste und die nächste Million eingenommen wurde, blieb irgendwann einfach aus. Und egal wie dankbar ich war ... es fühlte sich irgendwie *normal* an.

Der innere Kritiker sprang sofort an: Bist du jetzt größenwahnsinnig geworden? Macht Geld doch arrogant und undankbar? Fühlt man sich doch als etwas Besseres?

Nein. Ich wusste tief in mir drin – das stimmt nicht. Es musste etwas anderes sein. Bis ich erkannte: Meine Dankbarkeit funktionierte noch. Erfolg und Geld sind zu meinem neuen *Normal* geworden. Ich hatte und habe immer noch berufliche und finanzielle Ziele. Und gleichzeitig hatte sich hierzu bereits eine Gewissheit eingestellt, dass ich sie in jedem Fall erreichen werde. Mein Unterbewusstsein hierzu war umprogrammiert.

Daher ging es wieder zurück zum Anfang. Zur Basis. Zu Dingen, die sich nie abnutzen. Die eine pure, zeitlose Schönheit haben. Die es nicht in »höher, schneller, weiter, teurer und besser« gibt. Bei mir ist es der Blick auf die Alpen. Diese Kraft. Diese Ruhe. Diese Beständigkeit.

Und es sind Sonnenauf- und -untergänge. Dieses Farbenspiel am Himmel. Dieses Licht, wenn sich jeder noch so kleine Ast wie ein Scherenschnitt vom orangeroten Himmel abhebt. Einfach unbeschreiblich. Jedes Mal bin ich durchflutet von Dankbarkeit, das wahrnehmen, das erleben zu dürfen.

Das empfinden nicht alle so, das wurde mir neulich während einer Zugfahrt im ICE bewusst. Lukas und ich saßen im Großraumabteil an einem Vierertisch. Uns gegenüber saß ein junger Mann, schätzungsweise Ende 20, mit Laptop und scheinbar superwichtiger Aufgabe dahinter. Da ging sie unter, die liebe Sonne und der Himmel war atemberaubend schön! Ich: »Lukas! Guck mal! Oh, Mann ist das schön!« Lukas schaut und teilt meine Begeisterung. Ich, keine zwei Minuten später: »Lu, schau noch mal! Jetzt ist es noch mal schöner!« So geht das zwei, drei, vier Runden.

Der Typ gegenüber schaut mich schon irgendwie neugierig an, will sich aber nicht die Blöße geben, auch aus dem Fenster zu sehen, als hätte er uns zugehört. Klar. Verstehe ich. Aber dann, in einem heimlichen Moment schaut er. Schaut noch mal. Schaut mich an. Dreht sich noch mal zum Fenster. Sieht »nur« einen Sonnenuntergang. Schüttelt den Kopf. Und versinkt wieder in seiner PC-Welt.

Schade, lieber Unbekannter. Du bist wohl noch nicht bereit für die richtig harten Sachen. Aber vielleicht bist du ja für etwas ganz anderes dankbar. Vielleicht dafür, einfach ganz in Ruhe arbeiten zu dürfen. Wer weiß?

Wenn der Kontowecker nicht mehr zieht, dann eben die Sonne. Dankbarkeit ist das eine. Begeisterung für Geld, Erfolg, Kundengewinnung et cetera das andere. Das Ziel ist es: Die Basics zusätzlich zu all den finanziellen und beruflichen Erfolgen zu manifestieren. Dass das Unterbewusstsein hier kein »entweder oder« und kein »Geld ist nicht so wichtig« mehr macht ...

Dankbarkeit erzeugt Sinn in der Vergangenheit, bringt Frieden für heute und erschafft Visionen für die Zukunft.

MELODY BEATTIE

3
DER FREIE WILLE
ODER: DU BIST DER DURCHSCHNITT DER FÜNF MENSCHEN, MIT DENEN DU DICH UMGIBST

Du bist der Durchschnitt der fünf Menschen, mit denen du die meiste Zeit verbringst.

JIM ROHN

Als ich 2018 mit der Mindset-Arbeit anfing, hörte ich diesen Satz das allererste Mal. »Du bist der Durchschnitt der fünf Menschen mit denen du die meiste Zeit verbringst.« Ich hörte ihn. Einmal. Zweimal. Dreimal. Doch begreifen konnte ich ihn auf die Schnelle nicht. Bis ich den Satz schließlich für mich in alle Einzelheiten zerlegte und verstand, was er mir sagen wollte. Nämlich, dass die Menschen, mit denen man tagtäglich zu tun hat – der Partner, Freunde, Arbeitskollegen – den gleichen oder einen ähnlichen Mindset-, Denk- und Erfahrungsrahmen haben wie du. Oder andersrum formuliert: Du hast den gleichen Mindset-Rahmen wie sie. Unwillkürlich fragte ich mich: Ähneln wir uns wirklich in dem, was wir tun? Was wir denken? Konnte man das wirklich so sagen, dass ich der Durchschnitt meiner Freunde bin? Nun, wir verdienten alle ähnlich viel oder wenig Geld. Buchten ähnliche Urlaube. Fuhren vergleichbare Autos. Trafen uns immer wieder in ähnlichen Restaurants und beschäftigen uns mit ähnlichen Themen. In der Tat ergab das eine ordentliche Schnittmenge. Da gab es kaum Ausreißer. Wir alle fügten uns wunderbar in Summe in unseren Durchschnitt ein.

Das kann natürlich durchaus von Vorteil sein: Urlaubstipps werden ausgetauscht und Kaufempfehlungen für Autos ausgesprochen. Die Krux dahinter: Erfahrungen werden wieder und wieder wiederholt und wir werden damit weiter und weiter bestärkt im bestehenden Verhalten, bestehenden Denken, in den bestehenden Ergebnissen. Nur geht es gefühlt eben nicht weiter auf der Leiter. Egal auf welcher.

Als ich mit meinem Coaching und meiner finanziellen und persönlichen Weiterentwicklung anfing, lernte ich eine ganz andere Art zu denken kennen. Sowohl inhaltlich als auch umfänglich. Ich fing an Sachen zu recherchieren, an die ich bisher noch nicht mal annähernd gedacht hatte! Hier ein paar Beispiele, um dir einen Einblick in meine damalige, sich durchaus vom vorher Bestehenden abhebende Gedankenwelt zu geben:

- Wo und wie kann man einen Privatjet mieten?
- Weiß jemand, was ein privater Chauffeur kostet?
- Hat jemand eine Empfehlung für Haushälterin/Köchin/Kindermädchen in einer Person? Angestellt in Vollzeit?
- Gibt es Fünf-Sterne-Hotels mit Kinderbetreuung?
- Business Class kann man auch nicht nur fürs Business fliegen?
- Welche Länder eignen sich, um dort Immobilien zu besitzen?

- Welche Länder bieten Home Schooling an? Ab wann ist man eigentlich in Deutschland nicht mehr schulpflichtig?
- Organigramm? Stimmt – nach selbstständig könnte ja auch Unternehmertum kommen. Noch nie dran gedacht ...

Wohlgemerkt, zu diesem Zeitpunkt hatte ich durchaus noch mein 1.500-Euro-Heilpraktikerinnen-Einkommen. Aber ich lebte bereits mein neues Ich, meine neue Identität – auch für die Dinge, die bisher nur in meinem Kopf existierten. Ganz egal, ob ich das im Endeffekt machen und umsetzen wollte oder nicht. Ich wollte einfach mal in eine andere Richtung blicken, tiefer hinsehen, spüren, was es da noch alles gibt an Möglichkeiten. Themen. Ideen. So lernte ich immer mehr, dass der Art meiner Fragen eine ganz besondere Bedeutung zukam.

An dieser Stelle vielleicht noch ein anderes Beispiel zu fest eingefahrenen Denkmustern: Als Schwäbin drehte sich bisher alles in meinem Leben darum, Steuern zu sparen, also so wenig wie möglich dem Staat zu zahlen. Am liebsten wollte ich jedes Jahr eine Rückerstattung vom Finanzamt für das abgelaufene Steuerjahr erhalten. Einmal haben Lukas und ich tatsächlich knapp 6.000 Euro zurückbekommen! Haben wir gefeiert.

Ich bin nicht im Ansatz darauf gekommen, andersherum zu denken. Warum dachte ich bisher nicht darüber nach, einfach mal meine Einnahmen hochzufahren? Und zwar so hoch, dass ich 1 Million Euro Steuern *zahlen* darf? Ich meine, wie geht denn so etwas überhaupt, dass man so viel verdient, um so viel an Abgaben zahlen zu müssen?

Auch wenn du kein Rechengenie bist, kannst du dir ziemlich schnell ausmalen, dass wenn du 1 Million Euro Steuern zahlen musst, dass du dann wesentlich mehr übrighast, als wenn du 6.000 Euro Steuern zurückbekommst.

Oder nehmen wir unser Familienmodell. Auf diesen neuen Ansatz wäre ich auch nie von allein gekommen. Hatten wir das eigentlich jemals besprochen, dass ich quasi Vollzeitmama und Lukas Vollverdiener sein wird? Ich meine, so völlig *frei* von anerzogenen, kulturell und gesellschaftlich fest verankerten Rollenmodellen? Haben wir jemals dazu unseren freien Willen beansprucht und mal überlegt, was wir beide wirklich *wollen*? Oder haben wir einfach gemacht, was man so macht? Was unser Unterbewusstsein völlig automatisch ausgeworfen hat? Was sich gehört? Was normal ist?

> *Jeder von uns wird mehr oder weniger beeinflusst von dem intellektuellen Medium, in dem er sich vorzugsweise bewegt.*
>
> Friedrich Engels

»Wie willst du es haben?« Das war die Lieblingsfrage meines Coaches. Immer noch: Keine Ahnung. Ich habe mich das selbst noch nie gefragt. Und ich wurde auch nie zuvor dazu *be*fragt. Weder von meinem Partner noch von meinen Freundinnen noch von meiner Familie oder von sonst wem. Wie auch? Wir dachten ja alle im selben Mindset. Da kam niemand vorbei und nahm ein weißes Blatt Papier heraus, um einfach mal aufzuschreiben, wie wir alle bestehenden Strukturen einreißen und es frei von jeglichen Konditionen und Konditionierungen haben wollten.

Wenn das jeder machen würde! Wo kommen wir denn da hin? Undenkbar!

Mich zu solchen Themen zu fragen, was ich wollte, war für mich so weit weg wie nur irgend möglich. Bis 2018 dachte ich einfach ganz anders, und zwar so wie mich mein Umfeld prägte:

- Was kann ich mir vorstellen?
- Was ist normal?
- Was ist angesehen?
- Was ist gesellschaftlich akzeptabel?

Ich hatte mir nie die Frage gestellt: Wenn alles möglich wäre, was würde ich denn dann überhaupt wollen? Ich fand dieses Fragen-und-Antworten-Spiel am Anfang extrem(st) herausfordernd. Es war wie ein Ultra-Marathon für meinen Kopf. Das war übrigens mit ein Grund, weshalb ich mich komplett von meinem Umfeld und von Medien abgeschottet hatte: um erstmal mit mir und meinen Antworten zurechtzukommen. Tage, Wochen und Monate dauerte dieser Prozess an.

Immer wieder schrie mich mein innerer Kritiker an: Das darfst du nicht! Das kannst du nicht. Stephanie, das ist vermessen! Das ist undankbar und absolut überheblich! Geht es jetzt echt nur noch ums Geld? Wie oberflächlich und egoistisch bist du denn eigentlich?

Diese ungebetenen Stimmen in meinen Kopf ruhig zu kriegen, war nur möglich, weil ich ein entsprechendes neues Umfeld an meiner Seite hatte, nämlich eines, das ähnlich dachte: mein Coach und die anderen Coaching-Teilnehmer. Wir sahen uns mehrmals die Woche in Videokonferenzen und es ging um alles, außer um Alltägliches. Es ging um andere Fragen. Neue Denkrahmen. Um Bestärkung des neuen Denkens, um noch verrücktere Recherchen und darum, sich darin ganz normal zu fühlen. Normal, weil es alle machten. Weil niemand irgendwas bewertete.

> Das war es: Bestärkung im *Sein*, um neue Impulse fürs *Tun* zu bekommen und umso schneller zum *Haben* zu kommen.

In den USA gibt es eine Konferenz, bei der die Tische fürs Abendessen nach Jahresgewinn unterteilt sind. Dort sitzen die Gäste eben am 100.000-, 1-Million-, 10-Millionen-,100-Millionen-Tisch oder auch am 1-Milliarde-und-mehr-Tisch.

An welchem Tisch würdest *du* gerne sitzen? An welchen getraust du dich? Also, ich will an den 1-Milliarde-und-mehr-Tisch! Mich würde durchaus interessieren, über was sich meine Tischnachbarn dort so unterhalten. Was stellen sie für Fragen? Mit was beschäftigen sich Milliardäre denn eigentlich den ganzen Tag? Was haben sie für Ziele? Pläne? Was motiviert sie? Wie sieht deren Alltag aus?

Das fand und finde ich so spannend und erstrebenswert, einfach mal die unerfahrenste Person im Raum – am Tisch – zu sein, um dann von allen zu lernen und sich inspirieren zu lassen. Viele meiden so ein neues Umfeld. Sie kommen sich selbst klein vor oder haben Angst, dass andere das von ihnen denken. Dabei sind sie die Mutigsten von allen, weil sie rausgehen aus ihrer Komfortzone und offen sind für Neues.

Meine klare Empfehlung lautet an der Stelle: Suche oder schaffe dir ein neues Umfeld, beispielsweise durch ein Coaching oder ein Mastermind. Kreiere dir ein Umfeld, das dich motiviert. Dich größer denken lässt. Raus aus dem eigenen Denkrahmen. *Think outside the box.*

Wenn du dich beispielsweise dauerhaft mit fünf Millionärinnen triffst … Wer ist wohl bald die sechste?

> *Your perspective is always limited by how much you know. Expand your knowledge and you will transform your mind.*
>
> Bruce Lipton

DEINE NÄCHSTEN SCHRITTE ZUM ERFOLG

- Wenn dein aktuelles Umfeld sich (noch) nicht für deine neuen Ziele interessiert oder dich darin bestärkt und bereichert, schau einfach mal, was für Gruppen oder Communities du auf Facebook, Instagram oder LinkedIn finden kannst.
- Trete der Community von Millionären von nebenan bei, um dich mit Gleichgesinnten austauschen, Fragen zu klären, neue Informationen und Inspirationen zu bekommen oder einfach von den Beiträgen anderer zu profitieren. Meist reicht es schon, Inhalte von Gleichdenkenden zu lesen, kurze Inspirationen zu erhalten und in den Austausch mit Menschen zu gehen, die dieselbe Sache unterstützen oder machen, wie du, um selbst motiviert dabeizubleiben.
- www.millionaerivonnebenan.de/buch-bonus

4
SHOOT FOR THE MOON
ODER: WARUM KLEINE ZIELE KEINEN SINN MACHEN

Shoot for the moon. Even if you miss, you'll land among the stars.

NORMAN VINCENT PEALE

Wer kennt sie nicht aus der eigenen Kindheit? All diese Sätze, die von den Eltern, Großeltern und Lehrern immer wieder gesagt wurden. Zu Hause, auf Familienfeiern, in der Schule:

- Träume sind Schäume.
- Lieber den Spatz in der Hand als die Taube auf dem Dach.
- Back erstmal kleine Brötchen.
- Aller Anfang ist schwer.
- Hochmut kommt vor dem Fall.
- Träum weiter!
- Am besten, du setzt dir realistische Ziele und rechnest mit dem Schlimmsten. Dann bist du nachher weniger enttäuscht.

Na, kommt dir der ein oder andere bekannt vor? Alle? Als hätte ich's gewusst. All das ist verankert. Ganz unten. Ganz tief in unserem Unterbewusstsein. Das war auch bei mir so, bis ich auf diesen Satz von Michelangelo stieß und mein Denkrahmen einen wirklichen Sprung gemacht hat:

> *Die größere Gefahr besteht nicht darin, dass wir uns zu hohe Ziele setzen und sie nicht erreichen. Sondern darin, dass wir uns zu niedrige Ziele setzen. Und diese erreichen.*
>
> Michelangelo

Michelangelo prägte diesen Satz im 16. Jahrhundert. Also vor etwa 500 Jahren! Und wir, die wir im 21. Jahrhundert leben – wir müssten es doch so langsam wissen? Leider bis dato noch nicht. Es ist nach wie vor gang und gäbe – vor allem bei Frauen –, dass wir uns zu niedrige Ziele setzen, dass wir nicht weit und groß genug denken, dass wir uns eben lieber mit dem Spatz in der Hand zufriedengeben. Dabei wollen wir doch tief in unserem Inneren eigentlich den ganzen Taubenschlag beherrschen! Wir wollen keinen kleinen Zielen hinterherjagen. Das haben wir unser ganzes Leben gemacht. Wir wollen ab heute die großen Ziele. *Du* willst ab heute die großen Ziele. Wie kannst du also deine Ziele anders setzen?

Regel Nummer 1: Du musst »spielen«, um zu gewinnen! Nehmen wir Fußball als Beispiel: Wenn du nicht gewinnen willst, dann stellst du elf Mann ins Tor und hoffst auf ein Unentschieden. So funktioniert es aber nicht. Im Sport nicht. Und auch sonst nicht mit Dingen, bei denen du wirklich was erreichen willst. Dabei ist es völlig egal, ob es um Geld, Beziehung, Gesundheit oder sonst was geht. Denn du willst doch gewinnen, oder? Du bist doch dabei, um zu gewinnen!

Ich weiß, der FC Bayern München polarisiert. Und es ist mir völlig egal, ob du ihn jetzt gut findest oder nicht. Ob dich das ständige »Mia san mia«, der Leistungsdruck und das selbstbewusste Auftreten nervt oder nicht, spielt auch keine Rolle. Wir ziehen uns jetzt mal nur das Positive raus: die Einstellung, mit der sie in *jede* Saison gehen. Sie wollen *immer alles*. Das Triple muss es sein: DFB-Pokal, Bundesliga und Champions League. Mit weniger wird sich nicht zufriedengegeben.

Und? Wer spielt immer ganz vorne mit?

»Waaas? Um erfüllt und finanziell erfolgreich zu sein, muss ich mich jetzt verhalten wie der FCB??! Außerdem – die haben ja auch die finanziellen Mittel! Das kann man ja nicht vergleichen …« Ganz ruhig, gleich wird es klarer.

Lass es mich dennoch ein wenig näher ausführen.

Ich empfehle das Setzen von A-, B- und C-Zielen. Ein A-Ziel ist ein Ziel, was du schon einmal erreicht hast. Oder was maximal einen Ticken darüber ist.

Wir nehmen einfach mal an, du fährst aktuell einen 6er-Golf. Ein A-Ziel wäre jetzt ein 7er-Golf. Oder ein neueres Baujahr vom 6er-Golf. Oder eine bessere Ausstattung. Das hast du schon einmal geschafft, das schaffst du wieder. Da brauchst du wenig bis keine Kreativität, wie du das nochmal hinbekommst. Die Wege dahin sind dir bekannt. Das ist eine sichere Bank.

Oder nehmen wir mal an, du verdienst jetzt 48.000 Euro im Jahr und willst zukünftig 50.000 Euro. Oder auf einem anderen Level: Du machst 1 Million Euro im Jahr und willst 1,1 Millionen. Das geht schon irgendwie. Auch da brauchst du jetzt nicht superkreativ werden, die Strategie, die Branche oder das Unternehmen wechseln. Das schaffst du. Komplett innerhalb deines bisherigen Denkrahmens. Wenn du einfach stetig dranbleibst, wird das in jedem Fall so kommen. So lief es. So läuft es.

Du merkst schon: A-Ziele haben nicht wirklich etwas mit »gewinnen wollen« zu tun. Eher mit Bausparvertrag.

Wenden wir uns mal den B-Zielen zu, schließlich gilt: Wer A sagt, muss auch B sagen. Hier geht es schon ein bisschen flotter zu. Hier wagst du auch mal deinen kleinen Zeh raus aus der Komfortzone. B-Ziele sind durchaus noch vorstellbar, aber du müsstest ein paar Sachen in deinem Leben verändern. Bleiben wir mal beim Auto. Du fährst aktuell einen 6er-Golf und möchtest dir nun einen Audi A6 anschaffen. Oder dein Gehalt von jährlich 48.000 Euro auf 60.000 oder 70.000 Euro erhöhen. Umsätze von 1 Million auf 1,6, oder 2 Millionen erhöhen. Jaaaa, irgendwie müsste das gehen. Vielleicht den Job wechseln? Oder hinsichtlich Umsatz mehr Mitarbeiter, mehr Marketing, neue Strategien, neue Produkte, Skalierbarkeit et cetera? In Summe findest du einen Weg.

Klar, du darfst dich dafür ein Stück bewegen. Den Denkrahmen schon ein bisschen verschieben. Aber es liegt noch in deinem Referenzbereich. Irgendjemand aus deinem Umfeld hat das schon einmal erreicht. Dann wird das auch für dich möglich sein.

Zusammengefasst: B-Ziele sind – aus meiner Sicht und hoffentlich nun auch aus deiner – wesentlich erstrebenswerter als A-Ziele. Da ist schon mehr Musik drin. Aber bevor du auf die Idee kommst, dich damit zufriedenzugeben, kommen wir zu den interessantesten Zielen. Den C-Zielen.

Wer all seine Ziele erreicht hat, hat sie sich als zu niedrig ausgewählt.

Herbert von Karajan

In Autos gesprochen würde dein C-Ziel in etwa so aussehen: aktuell 6er-Golf, also C-Ziel Ferrari, Porsche oder Lamborghini.

Ein C-Ziel definiert sich über zwei Dinge:

1. Es macht dir richtig gute Laune. Also so richtig, richtig gute Laune. Kann dich mal jemand kneifen? Grenzend an unvorstellbar. »Das vorherrschende Gefühl manifestiert?«

Alles klar, das passt. Dein Bauch hüpft …

2. … und die Komfortzone dreht (anfangs) durch. Wahlweise flüstert er dir zu oder schreit dich innerlich an: »Auf gar keinen Fall. Also wirklich. Das hat niemand in deinem Umfeld geschafft. Das hat niemand in deiner Branche erreicht. Einfach NIEMAND. Außerdem ist es vermessen. Utopisch. Unrealistisch. Nein. Auf gar keinen Fall.«

Dann beruhigt sich die Komfortzone wieder, weil sie es als zu unrealistisch einstuft und es ihr damit nicht gefährlich werden kann. Wunderbar – genau das wollen wir.

Damit haben C-Ziele etwas Spielerisches. Sich ein C-Ziel zu setzen, ist verrückt und löst gleichzeitig viele positive, *greifbare* Gefühle aus. Greifbar ist hierbei das wichtigste Wort, denn damit manifestierst du es. Sonst könntest du ja direkt 1 Milliarde Euro nehmen. Aber dazu assoziierst du dann vielleicht nicht mehr so viele positive Ideen und Gefühle …

Durch die ungewohnt hohen Ziele verändert sich dein Denkrahmen, dein Mindset, damit wiederum deine Gefühle, deine Handlungen und letztendlich deine Ergebnisse. Völlig unbemerkt von der Komfortzone.

Universum – Let's play! I'm in it to win it.

Ich wurde das erste Mal mit C-Zielen im Mai 2018 konfrontiert. Da fragte mich (die Heilpraktikerin mit 1.000 bis 2.000 Euro im Monat) mein Coach: »Was ist dein Zieleinkommen bis zum Ende des Jahres? Was kannst du dir vorstellen, bis zum 31.12.2018 einzunehmen?«

Gute Frage, nächste Frage. Wir waren ja schon im Mai. Also war das Jahr schon fast zur Hälfte rum. Ich versuchte, den schwarzen Peter einer der anderen Teilnehmerinnen zuzuschieben: »Mag jemand anders vielleicht vor mir was sagen?« Ja, es wollte. Es fielen 50.000 Euro. Die mit einem kritischen Blick vom Coach quittiert wurden. Auf einmal entwich mir: »100.000 Euro.«

Kennst du den Moment, wenn du etwas sagst und dich in der nächsten Sekunde fragst: Wer hat das gerade gesagt? Hab' ich das wirklich gerade gesagt?

Ich meine, ich hatte bis dato einen Stundensatz von 80 Euro, aber nur eine Handvoll Kunden. 100.000 Euro waren unmöglich! Ich müsste von jetzt auf gleich ausgebucht sein! Und arbeiten bis zum Umfallen! Okay, rechnen wir das mal durch. Wenn ich 80 Euro mal 40 Kunden die Woche rechne, ab jetzt ... die ganze Zeit durch: Ja, dann komme ich tatsächlich in die Nähe.

Ich wollte gerade sagen: »Aber ich habe ja keine 40 Kunden. Und ich habe Kinder. Und es gibt so was wie Sommerferien und ...« Da sagte mein Coach auch schon: »Okay – mach 200.000 Euro draus.«

Was? Hat die zugehört? Hallo? Ich – Mama? Zwei kleine Kinder? Aktuell 3 bis 5 Kunden die Woche? Ich wollte gerade protestieren, doch dann entschied ich mich, mitzuspielen. Ich befolgte Regel Nummer 1: Mach alles, was dein Coach dir sagt.

Wieder einer der Momente, in denen ich so dankbar war, dass das Coaching 8.000 Euro gekostet hatte. Einen Cent weniger und verspreche dir, ich hätte widersprochen!

Gut. Also schrieb ich 200.000 Euro auf und hängte mir den Zettel an die Wand. Na klar, ich hätte schon Verwendung für die 200.000 Euro gehabt und es extrem cool gefunden, diese zu besitzen. Punkt Nummer 1 von C-Zielen. Ich kannte niemanden, der nur annähernd 200.000 Euro in einem Jahr verdiente. Und als Heilpraktikerin oder vergleichbar schon gleich fünfmal nicht. Punkt Nummer 2 von C-Zielen. Damit waren alle Kriterien eines C-Ziels voll erfüllt: Ich fand es richtig cool. Ich konnte mich richtig einfühlen – das vorwiegende Gefühl manifestiert! Also fing ich tatsächlich an, mir zu überlegen, wie ich es erreichen könnte. Außerhalb meines gewohnten Denkrahmens.

Nur wer sein Ziel kennt, findet den Weg.

LAOTSE

Das Ding ist, dass bis zum 31.12.2018 rund 325.000 Euro auf meinem Konto eingegangen waren. Nicht die von mir ursprünglich als völlig utopisch eingestuften 100.000 Euro. Auch nicht die von meinem echt groß denkenden Coach ausgerufenen 200.000 Euro. Nein. Es ging *weit* über mein (erstes) C-Ziel hinaus.

Ein C-Ziel ist übrigens *niemals* zum *Erreichen* da. Sobald du in die Nähe kommst, steckst du dir direkt das nächste C-Ziel. C-Ziele unterstützen dich vielmehr, neue Fragen zu stellen, deinen Denkrahmen aufzubrechen und viel mehr zu erreichen als bisher. Sie verändern dein Denken. Deinen Gedankenrahmen. Dein Mindset. Deine Perspektive.

In der Mindset-Arbeit gehen wir davon aus, dass immer *erst* der Gedanke da ist. Sein. Tun. Haben. Was du heute bist, hast du bis gestern gedacht. Was du heute *bist* (Sein), wirst du ab morgen sein (Haben). Wenn du dich dazwischen anders beziehungsweise *neu* verhältst (Tun). So verhält es sich bei den Zielen.

Doch die meisten von uns jagen irgendeinem A-Ziel hinterher, setzen es extra niedrig an, erreichen es oder liegen knapp drunter und freuen sich auch noch, dass sie sich die Enttäuschung erspart haben. »Gut, dass wir realistisch geblieben sind!« Gekommen, um zu bleiben. Stehen zu bleiben.

Zugegeben: Ich hatte auch keine Ahnung, wie ich die 200.000 Euro in siebeneinhalb Monaten erreichen sollte. Aber ich fing einfach an, den Gedanken zuzulassen. Mir zu überlegen, was ich damit machen könnte. Wie cool es wäre, viele Leute zu erreichen. Was ich dann für einen Wirkungskreis hätte. Was ich mir und meiner Familie auf einmal alles ermöglichen könnte. Wie viel Freiraum wir auf einmal hätten ... Diese neuen Fragen öffneten mein Denkvolumen. Neue Fragen, neue Antworten. Nicht nur das erfahrungsbasierte Linkshirn aktivieren, sondern auch mal das kreative, unbegrenzte Rechtshirn. Und auf einmal kam es anders als bisher, und zwar viel besser.

The sky is not the limit. Your mind is.

Marilyn Monroe

DEINE NÄCHSTEN SCHRITTE ZUM ERFOLG: SO FINDEST DU DEIN C-ZIEL

Wenn du dir nun ein C-Ziel setzt, darf es:

a. dir unfassbar gute Laune bereiten, sodass die ganzen positiven Gefühle direkt in die bewusste Manifestationswaagschale purzeln,
b. direkt an deinem Verstand vorbeigehen (sodass die Zweifel gar nicht groß losgehen),
c. dich motivieren – in it to win it!

Warum sollte das C-Ziel nicht zu hoch sein? Selbst wenn du nun wie ich durchschnittlich 20.000 Euro im Jahr verdienst, kannst du dennoch gerne 20 Millionen als C-Ziel ansetzen. Das ist definitiv cool, und ich bin mir ziemlich sicher: Du hast keinen Plan, wie du das erreichen kannst. Ich bin mir allerdings *auch* relativ sicher, dass du die 20 Millionen nicht so wirklich mit Gefühl aufladen kannst. Auch nicht mit einer starken inneren Motivation, die dich jeden Tag aus dem Bett hüpfen lässt und für die du alles gibst.

Allerdings kommt hier wieder der Unterschied zwischen Mindset-Arbeit und Manifestieren zum Tragen: den Gedankenrahmen zu verschieben ist das eine. Es zu schaffen, wirklich daran zu glauben und es zu fühlen, das andere.

Deshalb steck dir ein C-Ziel, was du so richtig fühlen kannst. Was dir jeden Tag aufs Neue ein Grinsen und eine Vorfreude ins Gesicht zaubert. Was dich kreativ werden lässt und dich motiviert.

Und dann: Viel Spaß damit!

5
CHAINING
ODER: SPRÜNGE SIND COOL, SCHRITTE MANCHMAL NÖTIG

Wer einen hohen Berg erklimmen will, tut das nicht in Sprüngen, sondern schrittweise.

Papst Gregor der Grosse

Ein anderes Wort, sich Zwischenziele zu setzen, ist *Chaining*. Wer hätte es gedacht: Das Wort *Chaining* stammt aus dem englischen Sprachraum und steht für »verketten«. Ursprünglich wurde es in der behavioristischen Lerntheorie verwendet und steht dort für das schrittweise Erlernen von neuem Verhalten. Das zukünftige gewünschte Verhalten wird in einzelne Schritte unterteilt und diese werden so lange einzeln geübt, bis man sie draufhat. Bis man alles zusammen hat und auf einmal einen Riesensprung gemacht hat. Das Ganze ist dann auch mehr als die Summe seiner Teile. Man portioniert das zu Erlernende quasi mundgerecht. So weit, so gut.

Mittlerweile dient der Begriff des Chainings vielen Herren. Wir benutzen es heute für das Finden des »richtigen« Preises oder das Setzen von Zielen. Dazu nehme ich jetzt einfach mal ein Bild aus meinen Coaching-Anfängen, als es um den Wohlfühlkörper ging. Stell dir eine 120-Kilogramm-Frau in Unterwäsche vor dem Schlafzimmerspiegel vor. Die wiederum soll sich gerade vorstellen, wie sie schlank, straff und vital mit 60 Kilogramm aussieht. Jeder, der irgendwann schon einmal ein Thema mit seinem Gewicht hatte, wird jetzt wissen: Das wird nichts!

Das *kann* man sich einfach nicht vorstellen. Das ist zu weit weg. Man kriegt kein Gefühl dazu.

Logisch, beim Friseur schon hundertmal in Zeitschriften gesehen und heimlich bewundert. Konfektionsgröße 36, leicht gebräunte Haut, schimmerndes langes blondes Haar, blitzweiße Zähne und dann räkelnd im angesagten Bikini auf einer Missoni Sonnenliege. Hach! Ja, innere Wert auf jeden Fall. Und das gerne zusätzlich ...

Nur kriegt man den *eigenen* Kopf partout nicht auf *diesen* einen schlanken Körper. Es entsteht kein Gefühl, wie sich dieser Traumkörper wohl im Alltag anfühlt.

Dasselbe lässt sich auf Preise übertragen: Heute wird schon ewig wegen 80 Euro pro Stunde diskutiert und du bringst ein Kaufargument nach dem nächsten. Appellierst an die Gesundheit, an die Vernunft und dass doch auch Geld für ein iPhone da war. Aber gekauft wird trotzdem nicht. Und dann sollst du auf einmal auf 8.000 Euro erhöhen? Bei bestehenden Kunden? Die, die vorher wegen 80 Euro herumdiskutiert haben? Das glaubst du dir selbst nicht.

Was passiert also mit unserem schönen C-Ziel, seien es 60 Kilogramm oder 8.000 Euro Einmalzahlung? Der einzige Gedanke, der hochkommt, ist: nein. Das kann ich mir beim besten Willen nicht vorstellen. Das funktioniert nicht. Man kann sich schlecht in zwei Teile teilen, und auch 8.000 Euro sind nicht im Verhältnis. Da braucht man schon noch mal ein paar mehr Ausbildungen und Referenzen, um das zu rechtfertigen. Ach was, und selbst dann nicht.

Wichtig an dieser Stelle: Bitte versuch mir *nicht* zu beweisen, dass es *nicht* geht. Ich weiß, es ist ungewohnt und gleichzeitig strebst du es an. Zumindest dein Bewusstsein. Daher bietet jedes neue, *freie* Denken extrem viel Potenzial für Veränderung und damit für neue Ergebnisse.

Für genau diesen Unglauben, der in solchen Momenten vielleicht in dir hochkommt, gibt es das Chaining. Die Waagschale der unbewussten Manifestation hat schon Konfetti geschmissen, weil der ganze Zweifel und Unglaube natürlich bei ihr gelandet wäre und damit alles schön so bleibt, wie es ist. Und zack, grätscht ihr das Chaining dazwischen.

Was kannst du also tun? Ganz einfach: Du chainst dich zu diesem Ziel. Das bedeutet, du setzt dir Zwischenziele, die es dir erlauben, dass dein Gefühl mit deinen neuen Gedanken mitziehen kann. Denn nur die Mischung als Gedanken (Mindset) und Gefühl (Gesetz der Anziehung) manifestiert sich auch (Realität).

DEINE NÄCHSTEN SCHRITTE ZUM ERFOLG: CHAINING BEI PREISEN

In Bezug auf die 8.000 Euro kann das in etwa so aussehen:

- Statt dich nur auf den Preis zu versteifen, machst du dir erst einmal bewusst, dass du zukünftig nicht mehr pro Stunde abrechnest, sondern pro Lösung. Es ist ein ganzes Paket, das sich mit deiner vorherigen Arbeit nicht mehr vergleichen lässt. Daher lassen sich auch die 80 und die 8.000 Euro nicht mehr vergleichen. Das heißt, du hilfst deinem Gehirn weg von dem Punkt, an dem es sich gerade versteift und nicht mehr weiterkommt.

- Mach dir bewusst: dass du etwas heute in 15 Minuten lösen kannst oder dass du etwas heute aus dem Stand vortragen kannst, hängt damit zusammen, dass du es vielleicht bereits seit Jahren geübt und weitergedacht hast. Kunden müssten daher dich für diese jahrelange Erfahrung und nicht für die 15 Minuten bezahlen.
- Welcher Betrag wäre für dich auch bereits völlig außerhalb deiner Komfortzone und würde dich Luftsprünge machen lassen? Vielleicht beginnt das schon bei 2.000 oder 3.000 Euro? Dann beginne damit.
- Deine Persönlichkeit entwickelt sich dynamisch und daher dürfen sich auch deine Preise dynamisch entwickeln. Du darfst dir erlauben, deine Preise auch jederzeit zu erhöhen.
- Deine Arbeit war schon vorher den höheren Preis wert. Was hat sich verändert? Du und dein Selbstbewusstsein, das zu kommunizieren.

6

DER UNIVERSUMS-LIEFERSERVICE

ODER: DAS *WIE* IST NICHT DEIN BUSINESS

Beschäftigen wir uns noch mal ein bisschen mehr mit dem Universumskellner. In diesem Kapitel sprechen wir allerdings eher von Universumsbote. Nennen wir ihn, nein, nicht Alexa. Moment. Wir nennen ihn … Peter. Peter liefert dir alles genau so, wie du es dir bestellst. Auf ihn ist Verlass. Er liefert. Jeden Tag. Jederzeit. Frei Haus. Unermüdlich. *Wie* er jetzt liefert, das darf dir an der Stelle wirklich vollkommen egal sein.

Wenn du dir etwas in einem Onlineshop bestellst, ist es schließlich auch vollkommen egal, mit welchem Dienstleister das Paket ankommt. Ob nun mit DHL, Hermes, UPS oder GLS. Gut, hier und da ergeben sich vielleicht Sympathien für einen bestimmen Boten, der vielleicht besonders nett und gutaussehend daherkommt. Manche sind auch bisschen schneller und zuverlässiger. Aber im Endeffekt hast du gerade im Onlineshop auf den Kaufen-Button gedrückt und dann checkst du nicht alle fünf Minuten, ob dein Paket jetzt schon da ist oder nicht. Du bist auch nicht noch einmal extra dankbar oder meditierst eine Runde, um dich auch wirklich auf »Empfang« zu programmieren.

Selbstzweifel gibt's auch wenige. Du fragst dich nicht ständig, ob die Kreditkarte gedeckt ist oder ob du das Bestellte auch wirklich verdient hast. Du sagst dir nicht: »Vielleicht sollte ich erst noch irgendwo eine positive Rezension schreiben oder allgemein aktiver werden, damit das Gelieferte auch ja kommt.« Das machst du alles nicht. Du bestellst. Und übst dich in Vorfreude.

Das *Wie* zur Lieferung ist dir völlig egal.

(Die einzigen Unterschiede zwischen Amazon Prime und dem Universumsboten liegen in der üblichen und vertraglich vereinbarten Lieferzeit. Dazu kommen wir noch.

Genau so offen wie für den Paketlieferanten darfst du übrigens auch bezüglich des Universumsboten sein. Du bestellst dir unglaubliche 50.000 Euro als neues Einkommen pro Monat. Ob das nun über dein bestehendes Business reinkommt oder über ein neues Business oder über deinen Partner. Who cares? Auch Erbe, Schenkung, Gewinn, Spenden, Beteiligungen – alles ist möglich. Ich meine, da gibt es so viele Möglichkeiten, warum willst du dich denn da allen Ernstes begrenzen?

Ich sage dir, warum – aufgrund dessen, was dein Autopilot sofort liefert:

Bei Erbe zuckst du direkt zusammen und denkst dir: »Oh, Gott – nicht, dass nachher noch jemand stirbt, nur weil ich mir Geld gewünscht habe!«

Spenden, Beteiligungen, Gewinn? »Unrealistisch.«

Über den Partner? »Ich möchte aber finanziell frei und unabhängig von meinem Partner sein.«

Über dein bisheriges Business? »Wenn das möglich wäre, hätte ich ja nicht versucht, etwas Neues aufzubauen.«

»Daher bitte am liebsten über Kunden! Ja. Aus meinem neuen Business. Das wäre grandios. Dann fühle ich mich zusätzlich noch kompetent, das steigert mein Selbstbewusstsein und meinen Selbstwert. Ja, ich finde, das wäre das Beste. Also Peter ... ich weiß, das *Wie* soll mir egal sein, *aber* ...«

Das ist der Moment, in dem man als Coach am liebsten in die Tischkante beißen würde. Wir erinnern uns: Das *bisherige* Denken, das *bisherige* Wie und die *bisherigen* Herangehensweisen haben dich noch mal wo hingebracht? Genau: zu deinen aktuellen Ergebnissen! Fast kurz vergessen ...

Das *Wie* ist nicht dein Business. Es ist nicht deine Aufgabe. Deine Aufgabe ist – und die ist schon herausfordernd genug, wenn du sie richtig machst: Du darfst deine Bestellung groß genug, glaubwürdig und *konstant* abgeben.

Wie sagt eine meiner Mitarbeiterinnen immer so schön: Sendest du Wischiwaschi aus, bekommst du Wischiwaschi zurück. Wenn du hin und her switchst, verwirrst du den guten Peter nur. Er wird dann schulterzuckend dastehen und nicht wissen, was er denn nun machen soll. Das ist wie beim Einkaufen. Da darf man den Männern auch stets ganz genau aufschreiben, welche Milch sie mitbringen dürfen. Sonst steht der arme Kerl am Ende ratlos vor dem Kühlregal und fragt sich: »Welche Milch will sie denn nun? Vollmilch? Biomilch? Laktosefrei? 1,5 oder 3,8 Prozent? Glasflasche oder Tetrapack?«

Deshalb frag auch du dich: Willst du jetzt 100.000 Euro oder willst du lieber Selbstzweifel? Willst du zehn neue Kunden oder lieber Genervtheit von Social Media? Willst du Zeit für dein Business oder Diskussionen mit deinem Partner?

Für Peter ist alles möglich. Der steht ja schon ständig vor deiner Tür und will *gerade* das Klingelknöpfchen drücken. Da schickst du ihn mit einer konträren Bestellung wieder davon. Er spürt deine Zweifel. Er hört deine Ausreden: »Geld allein ist ja doch nicht so wichtig.« Und zack, dreht er um und holt das Knapp-bei-Kasse-und-Zweifel-Päckchen aus dem Lieferwagen. Davon hat er besonders viele dabei. Scheint irgendwie gefragt zu sein ... Du kannst dir Peter als großzügige, zuverlässige, aber einfach gestrickte Person vorstellen, die dir ganz genau zuhört und dir *exakt* das bringt, was du bestellst.

DEINE NÄCHSTEN SCHRITTE ZUM ERFOLG: WÜNSCHE FORMULIEREN

1. Bitte bestelle klar und deutlich. Unmissverständlich.
2. Bestelle *konstant* über einen längeren Zeitraum. Kein Wechsel zwischen großen Zielen und Selbstzweifeln. Manchmal, wenn Peter schon zehnmal mit einem Päckchen vor deiner Tür stand und du ihn immer wieder kurz vorher weggeschickt hast, wartet er vielleicht einen Moment, ob du es diesmal mit der Bestellung auch wirklich ernst meinst. Daher: Wanke nicht, auch wenn es eine zeitliche Verzögerung gibt.
3. Bestelle groß, Stichwort C-Ziele. Peter ist sehr großzügig und hat ein unerschöpfliches Lager an Geld, Kunden, Klarheit, Sicherheit, Selbstvertrauen, Liebe und Gesundheit.
4. Das Wie ist nicht dein Business: Du gehst deiner Arbeit nach, bist aber prinzipiell offen dafür, wie deine Wünsche erfüllt werden. Über die Wege, die du dir vorstellen kannst oder eben über jene, die links und rechts davon liegen. Alles ist möglich. Betreib bitte kein Supply Chain Management. Überlass das gerne den Profis, also Peter und seinen Kollegen. Die kennen all die unbegrenzten Schleichwege und Abkürzungen. Die kürzesten Ampelphasen, die nettesten Nachbarn, die dein Paket annehmen, die entspanntesten Politessen, die auch mal ein Auge zudrücken, wenn Peter im Parkverbot steht. Geh ins Vertrauen. Ins Vertrauen, das geliefert wird. Für dich!

7
SEIN. TUN. HABEN.
ODER: DEN ANFANG MACHT DER KOPF, DAS ENDE DIE HAND

Fantasie, Ideen, Impulse und Tatkraft sind das Brennholz für ein feurig gelebtes intensives Leben.

CHRISTA SCHYBOLL

Ein Hinweis vorab: Dies ist ein Kapitel, welches du durchaus öfter lesen darfst und auch solltest. Quasi immer mal wieder.

Sein, tun, haben. Was ist gemeint mit diesen drei einfach daherkommenden Worten? Was verbirgt sich dahinter? Zäumen wir das Pferd mal von hinten auf, und zwar mit dem, wie es stattdessen in der Realität größtenteils stattfindet: *Haben. (Tun.) Sein*. Wer kennt es nicht. Erst *hast* du was, dann *bist* du was. Hier ein paar Beispiele:

- Erst wenn ich den Porsche habe, fühle ich mich reich und dass ich es geschafft habe.

- Erst wenn ich viele Kunden habe, bin ich so selbstbewusst, dass ich mich hinstellen und sagen kann: »Hey, ich bin richtig gut.«
- Erst wenn ich das Geld habe, fühle ich mich auch wirklich wertgeschätzt.
- Erst wenn ich noch diese Ausbildung absolviere, bin ich auch wirklich kompetent.
- Erst wenn ich einen Partner fürs Leben gefunden habe, fühle ich mich angekommen.
- Erst wenn ich das Geld auf dem Konto habe, kann ich investieren.

Bei all diesen Beispielen braucht die Person erst etwas, muss es *erst* physisch in der Hand *haben*, also den Autoschlüssel, das Geld, das Zertifikat, den Ehering, um *dann* stark, sicher und glücklich zu *sein*. So läuft es typischerweise ab. Statussymbole zahlen voll darauf ein. Und so betrachtest du auch andere Menschen. Du denkst dir: »Schau mal, die hat schon so viele Kunden, natürlich macht die immer noch mehr Umsatz. Logisch, mit so einer coolen Website und dieser riesigen Followerschaft, das muss ja bei ihr laufen. Wenn ich so viel Geld auf dem Konto hätte, wäre ich auch viel mutiger mit Investments.«

In Summe haben wir es so beigebracht bekommen, dass man *erst* etwas *haben* muss, um sich *dann* entsprechend zu verhalten und zu *»sein«*. Das typische Wenn-Dann. Am späteren *Sein* ist auch nichts auszusetzen, der Hase liegt beim *Haben* im Pfeffer.

Nehmen wir an, du hast aktuell noch keine 50.000 Euro auf der Seite, keinen Porsche, keine 1.000 Kunden, keinen Traumpartner, keine Zeit für dich – und für die Bikinifigur erst recht nicht. Das starke Selbstvertrauen lässt auch noch auf sich warten. Blöd, oder?

Bisher denkst du dir vielleicht, dass du dann wahrscheinlich irgendwie noch warten musst. Oder hart arbeiten. Kleine Brötchen backen. Sparen. MOMENT MAL! Nur weil du das Endergebnis nicht in der Hand hältst, kannst du nicht mutig, glücklich, erfolgreich, wohlhabend, selbstbewusst *sein*? *Sein* im Sinne von »im Kopf«, in deinen Gedanken und Gefühlen?

Schauen wir uns dafür einmal in der Natur um, und zwar bei der Urfrucht schlechthin, dem Apfel. Diese Frucht kommt so herrlich prall und glänzend daher und schmeckt einfach köstlich. Doch wie kommt dieses Ergebnis zustande? Wie können diese Äpfel so werden, wie sie sind? Ich meine, es kommt schließlich niemand vorbei und hängt sie einfach in den Baum. Um zu erkennen, wie unser Apfel entsteht, müssen wir uns zunächst die Wurzeln vom Apfelbaum ansehen (= *Sein*). Die Wurzel zieht alles Notwendige an Wasser und Nährstoffen aus der Erde und leitet es weiter.

Wurzel gut, alles gut? Nicht ganz. Schließlich braucht der Baum noch ausreichend Licht und Sonnenschein für die Photosynthese oder die lieben Bienen zum Bestäuben, um dann nach und nach diesen Apfel zu »produzieren« (= *Tun*). Es sind also geschätzte 785 Schritte notwendig, damit am Ende diese appetitlichen Äpfel (= *Haben*) gepflückt werden können.

Diese Apfeltheorie lässt sich genauso gut aufs Geld übertragen. Sagen wir, du möchtest ein verfügbares Einkommen von 10.000 Euro im Monat *haben*. Und an dieser Stelle machen die meisten Leute folgenden Fehler: Sie *tun* irgendwas. Businesspläne schreiben, Bewerbungen abschicken, Webinare schauen, Bücher lesen, einen Social-Media-Kanal eröffnen, Fortbildungen besuchen et cetera. Diese Phase kann ewig dauern! Ewig und drei Tage. Ach, was sage ich, ewig und 15 Jahre.

Warum? Weil dieses *Tun* dem falschen *Sein* entspringt und daher nie (oder nur mit wirklich harter Arbeit) zum *Haben* führen wird. Und so kommen Sätze wie »nur die Harten kommen in den Garten«, »ohne Fleiß kein Preis«, »es gibt keinen Erfolg ohne harte Arbeit« et cetera zustande.

> *Denken ist die schwerste Arbeit, die es gibt. Das ist wahrscheinlich auch der Grund, warum sich so wenige Leute damit beschäftigen.*
>
> Henry Ford

Du willst *neue* Ergebnisse? Eine *neue* Realität? Gesünder sein, reicher, erfolgreicher, vitaler, glücklicher, gelassener, mehr Zeit haben?

Dann gilt ab jetzt: Beginne beim *Sein.* Und bleibe zunächst beim Sein. Denn im Sein ist es durchaus möglich, dass erstmal eine ganze Weile *nichts* passiert! Nichts *Sichtbares.*

Nein ... immer noch nicht.

Nein ...

Herrje... du bist ja noch ungeduldiger als ich.

Nein ... du darfst dich immer noch mit dem Sein beschäftigen.

Und immer noch kein *Tun.*

An dieser Stelle merkst du vielleicht, warum so wenige Menschen – bisher – Millionäre sind. Es ist nicht schwierig. Aber ungewohnt.

Lass mich dir vielleicht kurz das Sein erklären. Wenn dein Ziel ist, monatlich 10.000 Euro zur Verfügung zu haben, dann stelle dir im Sein die folgenden Fragen:

- Wie verhält sich diese Person, die 10.000 Euro im Monat verfügbares Einkommen besitzt?
- Was denkt sie, wenn sie abends einschläft?
- Was denkt sie, wenn sie morgens aufwacht?

- Wie geht sie mit ihrem Partner und ihren Kindern um?
- Wie reagiert sie, wenn mal jemand nicht kauft?
- Wie viel Trinkgeld gibt sie?
- Wie viel Zeit verbringt sie in Gratis-Webinaren?
- Und wie viel Zeit investiert sie in Preisvergleiche?
- Wie selbstsicher erzählt sie von ihrem Angebot?
- Wie ist ihre Sprache? Wohlwollend oder gereizt?
- Wie ist ihre Ernährung? Ihr Alltag?
- Was sind ihre Entscheidungskriterien?
- Wie qualitätsbewusst entscheidet sie?

Fragen über Fragen. Doch das sind Fragen, die dich weiterbringen. Deine Perspektive verändern. Wenn dir dein Kopf erstmal kritische Antworten ausspuckt, dann schick noch mal den freien Willen drüber und frage dich: »*Moment mal... Will* ich glauben, dass ich dafür eine 60-Stunden-Woche habe? *Will* ich glauben, dass das mit Kindern nicht geht? *Will* ich glauben, dass mein Können und meine Zeit das nicht wert sind?«

Ich bin mir relativ sicher, dass dein Kopf kreativ sein wird, warum du dein Ziel erstmal nicht erreichen kannst. Oder warum es mit diversen Haken versehen sein muss. Ab heute weißt du, dass das nicht *wahr*, sondern *erlernt* ist. Dass du dich nicht *frei* für diese Gedanken entschieden hast, sondern dein Unterbewusstsein sie *automatisch* denkt. Und dass du sie *verändern* kannst.

Diese negativen, automatischen Gedanken sind der Hauptgrund, warum die meisten Menschen nicht in der Reihenfolge Sein – Tun – Haben vorgehen. Weil der Kopf so laut ist und ein Problem nach dem anderen aufwirft. Und auch immer – immerimmerimmerimmerimmer – den Nachsatz dranhängt: »Es ist halt nun mal nicht so! Dann brauchen wir uns darüber auch keine Gedanken machen.«

Sei du selbst die Veränderung, die du dir wünschst für diese Welt.

Mahatma Gandhi

Mit Fragen wie den oben genannten wechselst du in die *Sein*-Perspektive. In den Blickwinkel der Person, die das schon *hat*. Und genau in dieser Phase bleibst du eine ganze Weile. Genau so lange, bis du es *fühlst*! Bis du irgendwann mit deinem Autoschlüssel dein Auto links starten willst (Porsche-Insider). Bis du irgendwann irritiert deine Waage anschaust, warum sie noch so komische hohe Zahlen anzeigt. Bis du von anderen angesprochen wirst, dass sie dich so wahnsinnig inspirierend finden, auch wenn sie gerade mal fünf Minuten mit dir gesprochen haben.

Wenn das der Fall ist, dann bist du bereit fürs *Tun*! Besser gesagt: Dann bist du schon mittendrin im *Tun*. Aus dem intensiven *Sein* (das nur in deinen Gedanken stattfindet) entstehen ganz neue Handlungsimpulse. Es entsteht eine neue Haltung. Eine neue Sprache. Ein neues Auftreten. Neue Klarheit. Auf einmal bietet dir dein Partner an, die Kids die ganze Woche ins Bett zu bringen, sodass du mehr Zeit für dich hast. Auf einmal kaufen Menschen bei dir, ohne zu verhandeln. Auf einmal bekommst du vor allen anderen die Projektleitung angeboten. Was noch nie vorgekommen ist.

Jetzt überlegen wir mal gemeinsam, ob aus diesem neuen *Tun* immer noch dieselben Ergebnisse (dasselbe *Haben*) entstehen.

Ich möchte es an einem persönlichen Beispiel festmachen: Im Oktober 2018 hatte ich nach der ganzen Mindset- und Money-Mindset-Arbeit das erste Mal den Impuls, dass ich iiiiiirgendwann gerne mal einen Porsche haben will.

Gesagt, getan. Nein, damit meine ich nicht, dass ich ihn gekauft habe. Ich habe das *Sein* »getan«.

Zur *Sein*-Unterstützung habe ich mir einen Porsche Panamera als Handyhintergrund gemacht. Ich habe ihn mir online auf der Porsche-Website konfiguriert. Wenn man das macht, kriegt man ein individuelles Booklet mit genau dem ausgewählten Modell nach Hause geschickt – perfekt zum Visualisieren. Ich habe das Leder in meinen Gedanken gerochen. Den Motor in meinem Kopf gehört. Das Lenkrad in meinen Händen gefühlt. Ich bin dieses Auto von da an jeden Tag gefahren. In meinem Kopf. Manchmal war ich richtig irritiert über das VW-Schild auf dem Lenkrad unseres Tourans, denn vor meinem inneren Auge habe ich nur noch das Porsche-Emblem gesehen.

Mein Alltag hatte nichts mit Porsche zu tun. Aber mein neues Sein machte mich immer selbstbewusster. Immer sicherer. Immer mutiger. Alles Eigenschaften, die ich mit der Stephanie verband, die es geschafft hatte, sich einen Porsche zu kaufen. Die das Unerreichbare erreicht hatte.

Im Ergebnis lief es in meinem neu gegründeten Online-Business immer besser, bis es am 11. Dezember 2018 so weit war. Das war der Moment, in dem sich das *Sein* über das *Tun* zum *Haben* manifestierte und ich meinen neuen kreidefarbenen Porsche Panamera 4 E-Hybrid Sport Turismo persönlich bei Porsche abgeholt habe.

Und mein vorrangiger Gedanke war: »Ach, *heute* ist also der Moment. Ich wusste, er würde kommen. Ich wusste nur nicht genau, wann.«

Um es noch einmal auf den Punkt zu bringen:

- *Sein = Gedanken*: Ich bin dieses Auto Tausende Male in meinem Kopf gefahren. Habe es mit allen Sinnen wahrgenommen. Habe mich in die Stephanie reingefühlt, die dieses Auto bereits besitzt.

- Sein & *Tun* = *Gefühl*: Ich habe mich so gefühlt, habe so geredet und habe mich so verhalten, wie diese neue erfolgreiche Stephanie.
- *Tun* = *Handlungen*: Das hat zu immer mehr Erfolg in meinem Online-Business geführt. Das wiederum hat zu mehr Einnahmen geführt und das zu der Möglichkeit, mir mein Traumauto zu kaufen. Und dann war ich noch so mutig und habe das Auto tatsächlich gekauft.
- *Haben*: Und ich fahre ihn bis heute. Er gibt mir bis heute das Gefühl, dass ich alles schaffen kann. Jedes Mal, wenn ich ihn sehe.

KLEINER EXKURS: HERAUSFORDERUNG TUN

Der Moment, vom *Sein* ins *Tun* zu wechseln, kann manchmal herausfordernd sein. Weil das *Tun* eben *vor* dem *Haben* kommt, und der Kopf spätestens dann noch mal richtig Gas gibt, dir die Dinge auszureden.

Wenn das der Fall ist, musst du noch einmal einen Schritt zurück zum *Sein* gehen – so lange, bis du wirklich das Gefühl von Selbstsicherheit, »Ich schaffe das – ist doch sonnenklar« festhalten und immer wieder abrufen kannst.

Manche Menschen verwechseln *Tun* damit, blind Geld auszugeben. »Aber mein neues Ich isst nur noch Kaviar und fliegt Business Class.« Das wird auch gerne als Argument für Investments hergenommen: »Du musst erst investieren und dann wirst du ernten«. Nun, irgendwo stimme ich dem auch zu. Aber nur Kaufen löst halt auch keine Probleme.

Mut und ganz viel *Sein* (Mindset) vor *und* nach dem Kauf sowie ein *neues Tun* führen dich erst zu deinem neuen *Haben*.

Nichtsdestotrotz greift natürlich auch hier die Logik: Ohne *Tun* gibt es kein *Haben*. Natürlich könnte man auch auf die Idee kommen, dass nach dem *Sein* direkt das *Haben* kommt, wenn man mal verstanden hat, wie mächtig das Universum ist. Dass sich die Gedanken *direkt* manifestieren.

Viel häufiger begegnet es mir jedoch, dass manche Menschen das *Tun* umgehen wollen, weil es zu anstrengend ist nach dem teilweise herausfordernden *Sein*.

Ich möchte dir dazu eine kurze Geschichte erzählen, die die Notwendigkeit des *Tuns* für mich recht deutlich macht:

Es stürmt und regnet. Die Überschwemmung ist da. Du sitzt in deinem Haus und möchtest gerettet werden. Du bist dir ganz sicher, dass du gerettet wirst. Das Universum wird dich retten! Plötzlich hörst du Alarm draußen. Die Feuerwehr schafft es gerade noch so, mit dem Rettungsfahrzeug vorzufahren. Klingelt, will dich mitnehmen. Doch du sagst nur: »Das Universum wird mich retten.« Die Feuerwehr fährt unverrichteter Dinge wieder fort. Nach Stunden kommt das Technische Hilfswerk mit einem Boot vorbei und will dich retten. Doch du antwortest erneut: »Das Universum wird mich retten.« Das Wasser steigt. Mittlerweile hockst du auf dem Hausdach und wartest und wartest. Da kommt ein Helikopter vorbeigeflogen und will dich mitnehmen. Alle gestikulieren wild, schreien. Du sollst dich am Seil festhalten und hochklettern. Doch du sagst wieder: »Das Universum wird mich retten.« Der Heli fliegt weg. Du ertrinkst. Dann sitzt du beim Universum vor der Tür und fragst vorwurfsvoll: »Warum hast du mich nicht gerettet? Ich hab' so fest an dich geglaubt!« Das Universum schaut dich völlig irritiert an und antwortet: »Ich habe dir die Feuerwehr, das Technische Hilfswerk und den Helikopter geschickt, und du fragst mich, warum ich dich nicht gerettet habe?«

Das Universum gibt dir Werkzeuge, um das, was du dir wünschst, real werden zu lassen. Die Nutzung der Werkzeuge und die immer gekonntere Ausführung, die liegt wiederum bei dir.

Das Universum liefert – in jedem Fall. Wie? Das bleibt manchmal spannend.

DEINE NÄCHSTEN SCHRITTE ZUM ERFOLG

- Beantworte die Fragen aus dem Text, um ein Bild für deine neue Identität zu bekommen.
- Mach dir bewusst, in welchen Bereichen du noch ein Wenn-Dann machst, das heißt, wo du noch Haben-Tun-Sein machst. Nutze hierfür auch das Lebensrad (Kapitel über Schweizer Seismograph).
- Schreibe im nächsten Schritt diese Bereiche um in Sein-Tun-Haben.

8

VERGLEICHEN MACHT UNGLÜCKLICH

ODER: ICH BIN DIE BESTE. DU AUCH.

Persönlichkeit fängt da an, wo der Vergleich aufhört.

KARL LAGERFELD

Ist dir schon einmal aufgefallen, dass, wenn du dich vergleichst, du dich nie mit solchen Leuten vergleichst, die in einem bestimmten Bereich *weniger* erreicht haben als du? Was würde jedoch *dabei* herauskommen? Genau! Dass du dir selbst auf die Schulter klopfen und dich loben würdest, wie weit du schon gekommen bist. Warum machen wir das nie? Warum vergleichen wir uns nur mit Leuten, die – aus unserer Perspektive – weiter, reicher, glücklicher, schlanker, hübscher, zufriedener, gesegneter sind als wir?

Schuster, bleib bei deinen Leisten, bloß kein gewohntes Terrain verlassen, kein Risiko eingehen. Das ist das Ziel unseres Unterbewusstseins. Auch wenn es dafür mit Schmerz arbeiten muss. Aber es meint es nur gut! Wirklich! Es will dein Überleben. Nicht weniger. Aber leider auch nicht mehr.

Lass uns mal kurz reinzoomen in den Prozess des Vergleichens: Von einem bewussten Prozess kann hier wohl kaum die Rede sein. Es ist nicht so, als würdest du entspannt auf der Couch sitzen, dir die Sonne aufs Gesicht scheinen lassen und dir sagen: »Ich habe eine richtig gute Idee. Ich werde mich jetzt mal mit anderen vergleichen! Das habe ich schon lange nicht mehr gemacht. Wen oder was will ich denn mal in Relation zu mir setzen?« So läuft es wohl eher nicht ab.

Wahrscheinlich läuft es so ab, dass du irgendwo irgendwas liest und die Gedanken vollkommen unkontrolliert, sozusagen automatisch anspringen: »Hm, deren Bauch ist echt schön.« Du schaust selbst an dir runter... da sind eher paar Röllchen. Oder: »Die, die mit mir die Ausbildung gemacht hat, die feiert einen Erfolg nach dem nächsten. Obwohl die viel weniger macht als ich.« Und schon bist du genervt, dass du nicht noch schneller vorankommst.

Noch schlimmer kommt es, wenn dir das Unterbewusstsein sofort die Erklärungen mit dazu liefert: »Bestimmt isst die den ganzen Tag nur Salat ohne Dressing für diese Figur. Bestimmt verdient die mehr, weil sie in einer anderen Branche ist. Da zahlen die Leute viel besser.«

Du wählst nicht frei, ob und mit wem du dich vergleichst. Dein Kopf macht das völlig automatisch für dich. Daher nennt man das dann Autopilot – völlig frei vom freien Willen.

Aus Sicht deiner Komfortzone *sollst* du dich auch nicht verändern. Da ist jedes Mittel recht – und vergleichen sehr wirksam. Ein Garant für schlechte Laune. Da du mittlerweile das Gesetz der Anziehung aus dem Effeff beherrschst, weißt du, was kommt: mehr von all dem, was du gern nicht hättest.

Bei mir war es immer das Gewicht. Wenn wirklich *alles* in meinem Leben lief – Liebe, Business, Familie, Gesundheit –, dann kam mir mein Autopilot dennoch mit: »Aber andere sind schlanker als du.« Frag mich nicht, warum das immer und immer und immer wieder gezogen hat, aber es war über Jahrzehnte *der* Garant für schlechte Laune bei mir.

Was kannst du nun aber *bewusst* tun, um den Autopiloten in den Arm zu nehmen und auf deine bewusste Seite zu ziehen? Folgendes: Stop cherry-picking! Hör auf, dir Dinge zu sagen wie: »Die kann essen, was sie will, und nimmt nicht zu.« Oder: »Die muss nichts tun und der fliegen die Kunden zu.« Oder: »Deren Mann macht viel mehr im Haushalt und mit den Kindern.«

Wir sehen diesen *einen* Bereich bei anderen, der super läuft. Der vielleicht in Social Media auch noch hoch und runter zelebriert wird. Wir sehen Schlanke mit Pizza in der Hand. Wir sehen Reiche, die nicht arbeiten. You name it. Dabei sollten wir uns einmal bewusst fragen: Sind *alle* Lebensbereiche bei dieser Person so perfekt? Oder ist die Person vielleicht ungewollt Single? Hat einen unerfüllten Kinderwunsch? Hat keinen Kontakt mehr mit den Eltern oder sonst irgendwas?

Es geht auch gar nicht um die andere Person. Jeder sollte für sich entscheiden können, was er nach außen betonen möchte und ob er ein umfassendes oder ein selektives Bild von sich zeigen möchte. Jedem das seine.

In *deiner* Verantwortung ist, das Ganze nicht außer Acht zu lassen. Dir nicht nur die Kirschen bei den anderen rauszupicken. Und besonders liegt es in deiner Verantwortung, für all die Bereiche dankbar zu sein, die jetzt schon bei *dir* richtig super laufen! Du wirst sehen: Du wirst bei einer etwas genaueren und breiteren Betrachtung feststellen, dass du schon jetzt richtig gut dastehst und die beste Position hast, mehr daraus zu machen – wenn du das willst.

Als ich mich in meinem Business zum Thema Geld und Erfolg umpositioniert habe, hat mein Vergleichszentrum im Unterbewusstsein zunächst ein richtiges Feuerwerk abgefackelt. Ich habe angefangen, mich ständig und bei allem mit meinem Coach zu vergleichen. Und natürlich habe ich aus meiner Perspektive anfangs immer schlechter abgeschnitten. Kunden, Follower, Geld, Leichtigkeit in der Umsetzung – das Rundum-*Sorgenvoll*-Paket mit Schleife drum. Wer um Himmels willen soll mich bitte buchen?

Also habe ich versucht zu kopieren. Dann ist es jedoch erst recht nach hinten losgegangen mit meinem Selbstbewusstsein. Meine Komfortzone schickte mir eine Message nach der anderen, dass mein Angebot überflüssig ist und ich keinerlei Daseinsberechtigung habe. »Wenn du nicht die Beste sein kannst, dann kannst du es auch gleich lassen:« Vielen Dank für die aufbauenden Worte. Sehr nett. Danke für *nichts*!

Bis ich nach vielen schmerzhaften Umwegen endlich zur nachfolgenden Erkenntnis gekommen bin, die ich dir hiermit als Abkürzung mitgeben möchte: Selbst wenn ich *exakt* dieselbe Kommunikation betrieben hätte wie mein damaliger Coach und exakt dieselben Texte geschrieben hätte – ich würde dennoch ganz andere Leute anziehen. Warum? Weil ich eine andere Person bin.

Wie? Das reicht? Ja – das reicht. Du. Bist. Genug.

Ich habe andere Erfahrungen gemacht – in meiner Kindheit, in meinen Beziehungen, in meinem ganzen Leben. Daher kann ich anderen Leuten anders weiterhelfen. Ich habe eine andere Sprache und Betonung, sodass damit auch wiederum andere Leute in Resonanz gehen. Ich habe einen anderen Kommunikationsstil und das ist auch gut so. Manche Menschen sind witzig, die anderen fachbetont, die dritten inspirierend. Und es gibt noch zig weitere Möglichkeiten: Jede einzelne Möglichkeit spricht wieder andere Menschen an.

- Es ist genug für alle da.
- Ich bin die Beste.
- Und du bist auch die Beste.

DEINE NÄCHSTEN SCHRITTE ZUM ERFOLG

- Setze dir kleine Erinnerungen und Unterbrecher in deinem Alltag, die dich immer wieder daran erinnern, dass du Neues glauben und denken möchtest. Schreibe dir beispielsweise Post-Its mit »Ich bin genug« und klebe sie an deinen Nachttisch, deinen Badezimmerspiegel und den Kühlschrank.
- Schreibe zehn Dinge auf, für die du dich selbst lobst. Übe mit einer guten Freundin, dich dafür auch wirklich selbst zu loben. Dass du lernst, es aus- und anzusprechen. Erlaube dir, es laut auszusprechen. Dadurch bekommst du ein Gefühl für deine Stärken.
- Am Anfang wird es sich ungewohnt und peinlich anfühlen. Das verändert sich mit der Wiederholung.

9 THE INFINITE GAME

ODER: DAS GEHEIMNIS DES ERFOLGS

Nur wer seinen eigenen Weg geht, kann von niemandem überholt werden.

Marlon Brando

Ich möchte dir gerne eine Geschichte von Simon Sinek, einem britisch-amerikanischen Autor und Unternehmensberater, erzählen, die mich nachhaltig beeindruckt und mein Bedürfnis nach Vergleichen nahezu ausgelöscht hat. Durch eine einmalige Perspektive: *The Infinite Game.*

Sinek hielt einmal eine Rede auf einem Leadership Summit bei Microsoft. Und im selben Jahr auch bei Apple. Auf der Microsoft Leadership Summit stellte er fest, dass es bei 70 Prozent der Manager zu 70 Prozent darum ging, in ihren Präsentationen zu zeigen, wie sie besser sein können als Apple.

Auf dem Apple Leadership Summit hingegen ging es 100 Prozent der Manager zu 100 Prozent darum, wie sie Lehrer beim Unterrichten unterstützen und wie es Schülern leichter fallen könnte, zu lernen.

Die eine Firma war völlig besessen von dem Gedanken, besser zu sein als die andere. Die andere Firma war völlig davon besessen, ihr Ziel zu erreichen, besser zu werden und einen Mehrwert zu stiften. 100 Prozent Konzentration auf das eigene Warum! Nicht 30 Prozent. Nicht 90 Prozent. 100 Prozent.

Noch plakativer wurde es, als Simon Sinek gemeinsam mit einem Topmanager von Apple im Taxi saß und ein bisschen »pieksen« wollte. Er zeigte ihm den damals brandneuen Microsoft Zune, ein Pendant zum Apple iPod touch (als der noch IN war) und sagte: »Cooles Design, intuitive Bedienung, ein herausragendes Stück Technik. Und echt viel besser als euer iPod.«

Wie reagierte der Apple-Manager? Er drehte sich kurz um, schaute Simon an und sagte in völliger Gelassenheit: »Daran habe ich keinen Zweifel.« Und drehte sich wieder weg.

Ende der Geschichte.

Apple interessierte sich null Komma null für dieses Wettbewerberprodukt. Warum? Weil Apple das Infinite Game spielt, das unendliche Spiel. Der Infinite Player spielt nicht, um zu gewinnen. Der Infinite Player spielt, um den längeren Atem als seine Konkurrenten zu haben.

Ich persönlich würde es noch erweitern und sagen, der Infinite Player spielt, um Spaß zu haben. Um besser zu werden. Um einen Mehrwert zu schaffen. Um jeden Tag an sich selbst zu wachsen. Um noch produktiver zu werden, um noch bessere Lösungen zu finden.

Warum Apple seine Konkurrenten so frustriert? Weil Apple eigentlich nicht mal mitspielt. Zumindest nicht deren Spiel. Apple spielt nicht das Spiel um den ersten Platz. Apple spielt sein eigenes Spiel.

Und so sollte es auch bei dir sein: Manchmal bist du ein bisschen besser als die anderen, manchmal bist du ein bisschen schlechter. Aber wenn du dich jeden einzelnen Tag fragst, wie du für dich und deine Kunden und deine Familie besser, bewusster, klarer, liebevoller werden kannst ... dann wirst du – über kurz oder lang – mehr als eine Nasenspitze voraus sein.

Es sind nicht immer die auf Platz 1, die von Anfang an die Besten waren. Sondern es sind die mit dem längsten Atem. Die, die ihre Zeit genutzt haben, die Besten zu werden. Für sich. Und für andere.

DEINE NÄCHSTEN SCHRITTE ZUM ERFOLG

- Schau dir das Video von Simon Sinek zu »The Infinite Player« unter www.millionaerinvonnebenan.de/buch-bonus an.
- Vergleichen ist leider häufig eine sehr hartnäckige Angewohnheit. Du kannst auch hier mit Unterbrechern im Alltag arbeiten und dir folgende Affirmation dabei zunutze machen:
  - Ich spiele mein eigenes Spiel.
  - Ich spiele nicht *gegen* andere, sondern *für* mich und *für* meine Kunden.
  - Ich bin die Beste. Du auch.
  - Ich gönne anderen ihren Erfolg.
- Erfolg anderer spornt mich an.

TEIL IV
VON DER THEORIE IN DIE SICHTBARKEIT

1
GEH RAUS, BEVOR DU BEREIT BIST
ODER: SCHLUSS MIT DEM PERFEKTIONISMUS

> WENN DIE SEELE BEREIT IST, SIND ES DIE DINGE AUCH.
> WILLIAM SHAKESPEARE

Was braucht man denn nun an Equipment, um ein erfolgreiches Unternehmen zu gründen? Das fragte mich mein damaliger Coach. Und mein Kopf antwortete – ganz Autopilot: »Auf alle Fälle erstmal hundert Fortbildungen. Dann eine professionell gestaltete Website mit professionellen Fotos, professionellen Texten und professionellem Logo. Schließlich müssen einen die potenziellen Kunden finden und für professionell erachten. Dazu passend natürlich Visitenkarten. Kann nie schaden. Profile und Content auf LinkedIn, Xing, Facebook und Instagram. Am besten dann noch einen Blog. Ein Podcast wäre auch nicht schlecht. Daneben noch regelmäßige Newsletter und Freebies. Freebies sind immer gut. Vielleicht ein kostenfreies E-Book?«

Und dann diktierte mir mein Coach Folgendes ins Heft:

- Keine Website.
- Kein Logo.
- Keine Visitenkarten.
- Ein Social-Media-Kanal. Einer. Punkt.

Wum! Das saß. In Sekundenschnelle schossen die Fragezeichen in meinen Kopf. Wie bitte? Natürlich brauche ich das alles. Das zahlt doch alles auf die Professionalität ein. Wenn ich keine Website habe – oder noch schlimmer, eine schlechte Website –, wie soll mich da jemals jemand buchen? Wie stellt sie sich das vor? Ich soll mir stattdessen *einen* Social-Media-Kanal suchen, der zu mir passt, und das war's? *Eine* Facebook-Gruppe, mehr nicht? Damit soll ich die Leute abholen und begeistern? Mit einer Facebook-Gruppe? Und was ist mit den ganzen Leuten, die nicht auf Facebook sind? Und überhaupt ... ist Facebook nicht schon längst out?

Obwohl ich immer alles *genau* so machen wollte, wie es mir mein Coach sagt, konnte ich über diese Brücke beim besten Willen nicht gehen. Das war nun wirklich zu weit weg von jeglicher Realität.

Also, was tat ich? Ich überarbeitete erst einmal meine bestehende Website. Ich schrieb komplett neue Texte. Fügte neue Bilder ein. Machte dafür sogar ein extra Fotoshooting. Daran schloss sich nahtlos die Erstellung meines Logos an. Dafür engagierte ich eigens eine Agentur, die sich nur damit beschäftigte. Und ich freute mich. Es lief einfach bei mir. Ich beschäftigte mich in epischer Breite mir all diesen Tools, gab noch mehr Geld aus und verwendete Hunderte Stunden darauf. Im Endeffekt machte ich es genau so, wie ich es als Heilpraktikerin auch schon seit Jahren machte. Ich dachte immer, dass ich damit *wirklich* Kunden anziehen konnte. Gelernt ist gelernt.

Heimlich schlug mein Coach wahrscheinlich die Hände über dem Kopf zusammen, weil ich eben original *nicht* das tat, was man mir ins Heft diktiert hatte. Aber ein Coaching ist keine Pflichtveranstaltung und daher jeder in seiner Verantwortung.

> *Willst du recht haben oder erfolgreich sein?*
> *Beides geht nicht.*
>
> Frei nach Marshall Bertram Rosenberg

Ich wollte es besser wissen. Alles andere *konnte* ich zu dem Zeitpunkt einfach nicht glauben. Nun, da das Gesetz der Anziehung funktionierte, zog ich genau die Kunden an, die kein Facebook hatten. Oder die sich erstmal außerhalb von Facebook nach mir umsahen, um mehr über mich zu erfahren. Nach meiner Website. Sie bestärkten damit meinen Glaubenssatz und so wurde daraus meine Realität. Das ist natürlich ein Kreislauf erster Güte. Ich fühlte mich bestätigt und musste dann noch mehr machen, weil die Leute das ja sehen wollen ... und so weiter und so fort.

Dasselbe gilt übrigens für den Ausdruck »selbst und ständig«: Glaub mir, wenn es in *deiner* Welt so ist, dass eine Selbstständigkeit oder ein Unternehmen viel Arbeit und eine 60-Stunden-Woche bedeuten, dann *ist* das auch so. Und es werden sich alle möglichen Situationen, Probleme und Gegebenheiten in deinem Leben so fügen, dass das auch so bleibt. Bis du den Unterbrecher setzt. In deinem Kopf.

Heute sage ich meinen Kunden genau dasselbe. Zumindest so lange, bis ich das Gefühl habe, dass es sich in ihrem Kopf verändert hat. Und ich sage es auch dir – noch einmal: Geh weg von »Ich brauche aber XY, weil es sonst nicht geht!«, und hin zu: »Da draußen sind genügend Kunden. Ich habe alles, was ich brauche, um *jetzt* jemandem weiterzuhelfen! Kann ich allen helfen? Nein. Kann ich vielen helfen? Ja. Ich deklariere mich für *bereit.*« Und zur Not deklariere *ich* dich für bereit. Denn das bist du schon längst.

Schau dich doch einmal bei den Unternehmen um, die es schon seit Jahrzehnten erfolgreich am Markt gibt. Die Millionen mit ihren Produkten umsetzen. Weltweit. Wie gehen die denn vor? Microsoft zum Beispiel. Die bringen eine Software an den Start, und zwei Tage später kommen die ersten 47 Updates. Und das geht im Wochentakt so weiter. Warum? Weil ganze viele Produkte »Bananenprodukte« sind – sie reifen beim Kunden. Das gilt auch für Dienstleistungen. Sie verändern sich im Tun. Mit dem Kunden und seinen Bedürfnissen. Nicht in der Theorie. Denn sonst entwickelt man die ganze Zeit ohne Kundenfeedback im stillen Kämmerlein vor sich hin, tüftelt und schraubt, und am Ende, wenn das Produkt gelauncht wird, muss es *wieder* angepasst werden und die doppelte Zeit ist weg – inklusive Kosten und entgangenem Gewinn!

Was steckt denn dahinter? Hinter der Fortbilderitis? Und hinter der *fear of missing out* (FOMO), der Angst, etwas zu verpassen, sei es der neuste Trend, irgendwelche Kunden, irgendetwas, was die Konkurrenz schon hat? Was steckt hinter dem Anspruch: »Ich muss alles erst zu 1.000 Prozent können und dann, ja, dann geht's natürlich richtig los.«

Es ist unser eigener Perfektionismus, der uns davon abhält, an den Start zu gehen. Es ist eine Art Schutzfunktion, damit wir ja auch *sicher* sind, wenn es los geht. Denn eigentlich *will* unsere Komfortzone nicht, dass wir auch woanders sicher sind, sondern sie will, dass alles genau so bleibt, wie es ist. Mit Aufschieberitis und FOMO klappt das ganz wunderbar. Dieses Gefühl, dass noch irgendetwas gebraucht wird, lässt sich auch nicht einfach so abschütteln. Deswegen verschieben wir den Start immer und immer wieder.

Das Fiese an der Sache ist, dass es sich unglaublich real anfühlt. Jedes Mal aufs Neue. Mit jeder Fortbildung als Heilpraktikerin habe ich zwar etwas gelernt, aber besonders eben auch, was ich zwar jetzt alles *weiß*, aber noch lange nicht *kann*. Und ich wusste auf einmal, was es *noch* alles zu wissen gibt. So bestellte ich nach jedem Seminar gefühlt mindestens zehn neue Bücher, um *noch* besser zu werden. Es nahm einfach kein Ende. Ich fühlte mich nie komplett. Nie so, als dass ich hätte sagen können: »So, *jetzt* bin ich fertig. Jetzt *deklariere* ich mich für bereit für einen *bestimmten* Typ Kunden. Dem ich mit meinem *jetzigen* Wissen und Angebot *jetzt* weiterhelfen kann. Vielleicht allen Interessenten. Die sind dann jetzt nicht in meinem Fokus. Aber diesem einen Typ Kunden, dem kann ich *in jedem Fall* genau *jetzt* helfen.«

Damit meine ich jetzt nicht, dass man sich nicht mehr fortbilden soll. Ich will damit lediglich sagen, dass man endlich damit anfangen sollte, Kunden zu gewinnen! Und sich dann *mit* den Kunden weiterentwickeln sollte. Dass man sich erlauben sollte, am Anfang andere Kunden anzuziehen. Es reicht völlig aus, dem anderen ein Stück voraus zu sein. Ein Stück. Keinen Kilometer. Auf diese Kunden darfst du dich fokussieren. Die anderen Kunden, die mit der superkomplexen Fragestellung und diesen krass hohen Zielen, die dürfen *auch* zu dir kommen. Später dann. *Jetzt* bist du für die da, denen du *jetzt* gerade weiterhelfen kannst. Fokussier dich auf die. Die brauchen dich. Jetzt.

Das anzuerkennen, zu verstehen und mich für *bereit* zu deklarieren war ein großer Schritt für mich.

DEINE NÄCHSTEN SCHRITTE ZUM ERFOLG

Mit den nachfolgenden Übungen kommst du deinem Perfektionismus nach und nach auf die Schliche und kommst damit gleichzeitig mehr und mehr ins Handeln.

- Schärfe dein Bewusstsein: Versuche mehr und mehr ein Gefühl dafür zu bekommen, wo dein Perfektionismus zuschlägt. Wo willst du vorsichtshalber noch einmal drüber lesen? Was willst du dir erst noch einmal anschauen? Wo willst du das letzte Wort haben? Was hast du noch nicht veröffentlicht, noch nicht präsentiert, weil es noch besser geht? Wo traust du dich noch nicht, den Preis zu nehmen, den deine Arbeit eigentlich wert wäre? Jedes Mal, wenn du an einem dieser Punkte vorbeikommst, notiere ihn. Vielleicht schaffst du es an der einen oder anderen Stelle, dich tatsächlich bereits neu zu verhalten. Der erste Schritt zur Veränderung ist allerdings auch hier die Selbsterkenntnis.
- Gönne: »Man muss nicht das Licht des anderen ausblasen, um das eigene leuchten zu lassen.« Nur weil andere vielleicht bereits weiter sind als du, heißt das nicht, dass du das nicht auch erreichen kannst. Zumindest nicht, wenn du das nicht zulässt. Freu dich für die andere Person. Dann weiß das Universum, dass du dich generell über Erfolg freust, und wird dir mehr davon liefern.
- Lobe dich selbst und sei dankbar: Lenke den Fokus auf das, was du bereits alles erreicht hast. Wenn du dich vergleichst, dann mit dir gestern, mit dir vor sechs Monaten oder vor einem Jahr. Und sei dann dir selbst dankbar, was du bereits alles erreicht und verändert hast.

Weitere Schritte findest du auch unter www.millionaerinvonnebenan.de/buch-bonus

2
SOG IST EINE ENTSCHEIDUNG
ODER: (ICH) DEKLARIERE DICH FÜR BEREIT

Angst: Mut mit Ladehemmung.

Rupert Schützbach

Ich hatte die *Bereitschaft* aber ganz gut integriert, denn mein Business lief wirklich überdurchschnittlich. Gleichzeitig hatte ich das Gefühl, jeden Tag etwas Neues zu lernen. Jeden Tag meinen gedanklichen Rahmen noch weiter zu dehnen. So auch im Frühjahr 2019 im Dubai-Urlaub mit zwei ebenfalls sehr erfolgreichen Freunden mit einem grandiosen (Geld-)Mindset. Wir entspannten bei bestem Wetter, bestem Service in einem wunderschönen Hotel. Und dann fiel dieser eine Satz so aus dem Nichts in meine Welt: »Sog ist eine Entscheidung.«

Ich sah besagten Freund mit großen Augen an. »Sag das nochmal.«

»Sog ist eine Entscheidung.«

»Wie meinst du das?«

»Na, wie wohl. Dass ich *entscheiden* kann, ob Menschen bei mir kaufen ... oder eben nicht.«

Boom! Dieser Satz schlug bei mir ein wie eine Bombe. Ich konnte mehrere Minuten überhaupt nicht sprechen, weil mein Gehirn auf Hochtouren lief.

»Sog ist eine Entscheidung.« Hätte in diesem Moment eine Poolliege weiter ein Tätowierer seine Künste angeboten – dieser Satz hätte es auf meinen Unterarm schaffen können, so einprägsam fand ich ihn.

Nachdem ich wieder klare Bilder sah, wandelte sich meine gedankliche Schockstarre in pure Freude. Ich bemerkte: Ich kann mich tatsächlich *entscheiden*, bereit zu sein. Ich selbst kann es *entscheiden*, dass sich Menschen von mir angezogen fühlen. Einfach weil *ich* das für mich klar so festlege. *Ich*! Niemand anders als ich selbst. Selbstverständlich hatte ich in all der Zeit des Coachings ähnliche Verlautbarungen gehört: »Geh raus, bevor du bereit bist.« Oder: »Fang einfach an.« Oder: »Done is better than perfect.« Oder auch: »Sein. Tun. Haben.«

Doch erst mit »Sog ist eine Entscheidung« fielen all diese Puzzleteile wie von Zauberhand an ihren Platz.

Was heißt es denn eigentlich, eine Entscheidung zu treffen? Was heißt es, sich als bereit zu deklarieren? Sind danach Selbstbewusstsein, Mut und Klarheit die Dauerbegleiter und alle Zweifel für immer verflogen? Ähm, lass mich kurz nachdenken. Nein! Das sind sie nicht. Tut mir leid, dass ich dich an dieser Stelle enttäuschen muss. Nein, eigentlich tut es mir nicht leid. Ich bin sehr froh darüber, dich hier zu *ent*täuschen, weil es nämlich das Ende der Täuschung ist, dass es *den* Moment gibt, an dem du dich bereit *fühlst*. Dass es den Moment gibt, in dem du dich nur noch mutig fühlst.

Ich kann dir definitiv nicht empfehlen, auf diesen – höchstwahrscheinlich nie eintretenden – Moment zu warten. Denn das könnte dauern. Und damit teuer werden. Besonders, wenn man den entgangenen Gewinn betrachtet!

Mut: Angst plus trotzdem machen.

Stephanie Raiser

Nach einer Entscheidung – für Sog, Erfolg, Sichtbarkeit oder was auch immer – ändert sich erstmal …? Richtig. Gar nichts. Das Kopfkino läuft weiterhin auf voller Lautstärke. Den Button bei Social Media für ein Live-Video zu drücken, verursacht immer noch Schweißflecken, ebenso wie die Preiserhöhung zu kommunizieren, die Kündigung auszusprechen oder auf die Gehaltserhöhung noch mal nachzuverhandeln.

Der Unterschied ist lediglich: Du. Machst. Es. Trotzdem.

Du hast es entschieden. Du hast dich für bereit deklariert. Nicht weil du es jetzt schon *bist*, sondern weil du nicht mehr auf dieses Gefühl warten willst. Du willst dir dieses Gefühl selbst erschaffen.

Wenn du aber bei deiner Entscheidung bleibst – heute, morgen, übermorgen –, dann wird sich etwas ändern. Mit Sicherheit. Warum? Weil das Gesetz der Anziehung wirkt. Du bekommst mehr davon, worauf du Energie gibst. Vielleicht klappt es nicht beim ersten Mal. Aber mit jedem Mal, mit dem du es versuchst, stärkst du deine Selbstverbindlichkeit. Du stehst zu dem Wort, das du dir selbst gegeben hast. Und sammelst ein ums andere Mal diese positive Erfahrung der Selbstverbindlichkeit und Selbstwirksamkeit ein.

Früher oder später kippt also die Manifestationswaage. Wie schnell das der Fall ist, weiß niemand. Aber sie kippt.

Wir halten unsere Idole gerne für Superhelden, die schon von Geburt an andere Voraussetzungen hatten als wir. Wir wollen nicht glauben, dass sie relativ normale Menschen sind, die sich selbst zu außergewöhnlichen Menschen gemacht haben.

Carol Dweck

Das ist gemeint mit dem Satz: »Sog ist eine Entscheidung.« Lass die Vorstellung los, dass du noch etwas brauchst. Du bist jetzt schon perfekt, so wie du bist. Und alles, was du noch on top haben und fühlen willst, das kannst du jederzeit dazulernen.

3
DAS ENDE VON 25 JAHREN DIÄTGESCHICHTE
ODER: SICHTBARKEIT, ICH KOMME

Diät … eine fette Idiotie.

Raymond Walden

Jeder hat eine Geschichte. Ein Paket zu tragen. Diese eine Sache, auf die der Autopilot nur allzu gerne anspringt. Ich schleppte meine eigene Diätgeschichte bereits seit 25 Jahren mit mir rum. 25 Jahre. Eine verdammt lange Zeit, um sich einem einzigen Thema zu widmen. Heute schüttele ich auch ungläubig den Kopf. Aber gut. Es ist, wie es ist.

Aber wann und wie fing es eigentlich an? Es begann – natürlich – in meiner Kindheit. Meine ältere Schwester wollte ab der Pubertät plötzlich schlank sein – genauso wie (leider) nahezu alle Mädchen in einem gewissen Alter. Das hat sich im Vergleich zu damals leider bis heute nicht geändert. Da wir als Kinder vorwiegend durch Imitation lernen, muss man in meinem Fall kein Hellseher sein. Für mich galt ab da: Dicksein ist keine Option und Kleidergröße 36 das Nonplusultra.

Richtig? Falsch? Ich erzähle einfach nur, wie's war.

Pünktlich zum Beginn des Konfirmationsunterrichts startete ich also mit zwölf Jahren feierlich meine allererste Diät. Das fing an mit der guten alten Trennkost, ging über die Atkins-Diät weiter, ein bisschen Low Fat und natürlich Kalorienzählen. Das kleine Einmaleins einer richtig guten Diätgeschichte. Später gesellten sich Intervallfasten, die Reisdiät, die Kartoffeldiät und die Kohlsuppendiät dazu. Auch bei den Weight Watchers schaute ich mal vorbei. Was es eben so gibt.

Nach all diesen Diäten starrten mich 2006 knappe 90 Kilogramm von der Waage aus an. Laut BMI offiziell übergewichtig. Und ich war nicht nur übergewichtig, sondern hatte es mit meinem Diätwahn tatsächlich zu einer Art der Esssucht geschafft. Ich ging heimlich einkaufen und aß ebenfalls heimlich Unmengen an Fertigkuchen, Sprühsahne und Süßigkeiten – während ich meine Diätpläne für den nächsten Tag schrieb.

Erst 2007 nach einer massiven persönlichen Enttäuschung und einer daraus resultierenden Magenschleimhautentzündung, die mich zu einem anderen Essverhalten *zwang*, nahm ich mit der 5-Elemente-Ernährung etwa 14 Kilogramm ab. Spätestens da war mir klar, dass das Wort »Kaloriendefizit« nur ein Ergebnis von begrenztem Mindset ist. Die 5-Elemente-Ernährung kurbelte meinen Stoffwechsel dermaßen an, dass ich auf einmal wie ein Scheunendrescher aß und gefühlt doppelt so viel verbrannte. 2013 wurde ich schwanger und nahm anschließend wider Erwarten sogar noch mehr ab. Nach meiner zweiten Schwangerschaft wog ich 66 Kilogramm.

Kein Grund für Neid, denn mit den purzelnden Pfunden kam die Einsicht, dass nach wie vor dasselbe Kopfkino bezüglich meines Körpers lief. Es war meinem Kopf vollkommen schnuppe, ob ich 86, 76 oder 66 Kilogramm wog – er war immer unzufrieden. So langsam wurde ich mir klar: Ich habe ein Gewichtsthema – unabhängig von meinem Gewicht.

Gut, ich kam beweglicher ums Eck mit den 66 Kilogramm, aber von Selbstvertrauen keine Spur. Ich fühlte mich weder sexy noch hübsch. Meine Komfortzone drehte mit mir durch. Ich meine, ich ging selten zu Partys, Geburtstagen oder anderen Treffen, und wenn doch, dann nur in kleinen Gruppen, in denen ich mich wirklich sicher und wohl fühlte. Kleine Gruppen heißt mit mir maximal vier Leute. Personen, die ich mag und kenne. Bitte nichts Neues. Nichts, was verunsichert oder mich zum Vergleichen zwingt. Alles andere artete im puren Stress für mich aus. Im Vergleichen ob nun mein Hintern oder der der Nachbarin breiter war. Meine Augen sahen alles – jede Figur, jedes Essen auf jedem Teller.

Nein danke – das brauche ich nicht die ganze Zeit.

Das war auch der Grund, warum ich mich partout nicht als Heilpraktikerin verkaufen wollte. In meinem Kopf lief in Dauerschleife der Film: So wie ich aussehe, kann mich unmöglich jemand buchen. Und deswegen brauchte ich doch diese Facebook-Ads. Von außen betrachtet ist das natürlich total irre. Aber wenn das Unterbewusstsein am Drücker ist, hat das Bewusstsein Sendepause. Für rationale Argumente ist da kein Durchkommen.

Bereits lange vor meinem Gewichtsthema hatte ich mir weitere Nebenkriegsschauplätze zugelegt. Einer war meine Neurodermitis, die ich bereits als Baby mit einem Jahr bekommen hatte. Das Salz und Pfeffer in meinem Dilemma war meine Schminkallergie. Die hatte ich mir auch noch fix manifestiert. Ich meine, ich konnte mich unmöglich hübsch machen, denn ich war leider gegen jegliche Schminke allergisch. Das Unterbewusstsein ist echt clever: »Du bleibst unsichtbar, dafür sorge ich schon.« Ende der Durchsage!

Daher rebellierte *alles* in meinem System, als es auf einmal hieß: »Social Media heißt Sichtbarkeit. Selfies und Live-Videos bitte. Und Storytelling, also auch Persönliches und Privates teilen.« Alarm! Alarm! Alarm! 8.000 Euro investiert! Doppelalarm! Doppeldilemma! Mein Innerstes war verzweifelt und schrie: »Ich will doch anonyme Facebook-Werbung! Verdammt noch eins. Die haben mir doch leicht und schnell versprochen. Oder nicht?«

Beide schaden sich selbst: der, der zu viel verspricht und der, der zu viel erwartet.

GOTTHOLD EPHRAIM LESSING

Zu diesem Zeitpunkt hatte ich auch noch mein Sparwahn- und »Das muss sich aber auch lohnen«-Muster auf den Plan gerufen. Der Kampf der Giganten hatte begonnen. Ding, Ding, Ding.

Der eine Gigant hieß »Komfortzone-Team Körper und Sichtbarkeit«. Dessen Ziel war, mich auf gar keinen Fall dem Außen zu präsentieren. Der andere Gigant kam als Gelderhaltungsgier im schwäbischen Gewand ums Eck: Wenn die 8.000 Euro in den Sand gesetzt würden, da wäre aber Teufel los. Der schwäbische Gott des Geldes würde persönlich über mich richten.

Dieser Kampf der Giganten lief dann das komplette Frühjahr von April bis Juni 2018. Jeden Tag aufs Neue. Von morgens bis abends. Bis zu diesem einen Morgen im Juli 2018. Ich ging wie immer am Schlafzimmerspiegelschrank vorbei und auf einmal … Zeitlupe. Wie im Zeichentrickfilm lief mein Körper weiter, aber mein Kopf blieb stehen. Bugs Bunny lässt grüßen. Mein Körper kommt zurück und beide starren ungläubig in den Spiegel. Also der Körper und der Kopf. Und plötzlich fragt mein Kopf erstaunt: »Kennen wir uns? Wer bist *du* denn? Dich habe ich hier noch nie gesehen.«

Da war er: der Moment, in dem ich mich das *allererste Mal* in meinem Leben (zumindest seit 25 Jahren) hübsch fand. Als würde ich mich das allererste Mal sehen.

»Hallo schöne Frau, schön, dass wir uns endlich kennenlernen!«

Wie in dem Film »I feel pretty«. Die Hauptdarstellerin Renee Bennett ist mit ihrem Äußeren total unzufrieden. Bis zu diesem einen Tag, an dem sie im Fitnessstudio vom Spinning-Rad fällt und dabei auf den Kopf fällt. Als sie wieder zu Bewusstsein kommt, hält sie sich für eine wunderschöne Frau und verhält sich ab diesem Tag auch so.

Bei mir war es ähnlich, nur mit dem kleinen Unterschied, dass ich nicht bewusst geworden bin, indem ich auf den Kopf gefallen bin, sondern das Innenleben meines Kopfes neu programmiert hatte.

Neben diesem bahnbrechenden Spiegelerlebnis überraschte mich mein Körper mit zwei weiteren »Wundern«: keine Schminkallergie mehr und nach 36 Jahren war ich das erste Mal in meinem Leben zu 100 Prozent symptomfrei bei meiner Neurodermitis. Ich fühlte mich wie neugeboren – besonders meine rechte Hand und mein Gesicht konnten es kaum glauben. Ich hatte das erste Mal in meinem Leben *überall* intakte, gesunde Haut. Keine trockenen Stellen. Keine Risse. Kein Nässen. Kein Jucken. Ein bis heute anhaltender Zustand, der mich jeden Tag dankbar sein lässt.

Nach diesem Moment machte es einfach nur klack-klack-klack. Es fügten sich alle Puzzleteile wie von selbst zusammen. Nach dem Gesetz der Anziehung machte es *überhaupt keinen Sinn*, sich einer Diät nach der anderen zu unterziehen. Im Gegenteil! Mir war auf einmal sonnenklar, warum es gar nicht funktionieren *konnte*. Und vor allem war mir sonnenklar, wie ich es gelöst hatte. Was die Komponenten waren, wie ein natürlich schlanker Mensch denkt, fühlt und sich verhält.

Ich sah sie vor mir, die Erleuchtung Teil 2. So unfassbar schön, dass wir uns auch hier wiedersehen! Ich kam mir vor, als hätte ich das Feuer erfunden! Das *muss* die Welt wissen. Abnehmen beziehungsweise Wohlfühlkörper mit Mindset und Manifestieren. Wenn ich in einem Bereich auf dieser Welt eine Expertin bin, dann zu diesem Thema.

Hallo? Ich hatte binnen von drei Monaten meinen 25 Jahre währenden Körper- und Abnehmwahn aufgelöst. Ich konnte mittlerweile essen, was ich wollte, und nahm trotzdem noch ab. Ich konnte mich auf die Waage stellen, ohne schlechte Laune zu bekommen. Ich konnte mich sogar *nicht* mehr auf die Waage stellen. Was vorher ein regelrechter Zwang war. Ich konnte in Gesellschaft völlig entspannt essen – Süßes, Fettiges, Salat … egal. Es gab keinerlei Zwang mehr. Weder in die eine noch in die andere Richtung. Ich verspürte das erste Mal seit unendlicher Zeit wieder Hunger. Hunger auf das Leben!

Ob ich nun ready war, in die Sichtbarkeit zu gehen? Aber so was von. Ich war reif für die Welt da draußen und wollte jedem und allen von meiner Jahrhundertentdeckung erzählen. Bis den anderen die Ohren überlaufen würden. Vor Glück!

Der Geldgigant hatte den Körpergiganten besiegt. Und sich selbst gleich mit erledigt.

Damit war er da, der Moment der Sichtbarkeit. War dies vor Kurzem noch der Horror in Tüten, konnte ich es jetzt kaum mehr erwarten. Ich hatte etwas für mich verändert, was 25 Jahre lang nicht möglich gewesen war: Ich fand mich plötzlich selbst schön und war selbstsicher.

Jegliche Selbstzweifel, dass das nicht seinen Wert hatte, dass *ich* und meine Arbeit keinen Wert hatten, waren weg. Einfach weg. Ich freute mich wie ein Keks darauf, mein Wissen zu teilen. So viele Frauen wie möglich an dieser Erkenntnis teilhaben zu lassen. Sie bei ihrer Veränderung zu unterstützen und gemeinsam diesen bewussten Moment von »Ich sehe mich und ich bin schön« zu feiern.

Ob mich andere dafür bezahlen würden? Ja, natürlich. Aber das war in diesem Moment noch gar nicht in meinem Fokus. Mein Fokus lag auf dem *Win* meiner Kundinnen. Auf dieser lebensverändernden Zusammenarbeit. Ich war ungebremst motiviert. Ungebremst begeistert! Ich wollte nach draußen bringen, was ich wusste und wie das erreicht werden konnte, was ich erreicht hatte. Ich wollte dies allerdings nicht mit Tipps tun, das hatte mir auch nie geholfen. Ich strebte eine intensive Zusammenarbeit an. Mit einer Abkürzung. So wie ich es mir die Monate davor in Bezug auf mein Körperthema gewünscht hätte. Darüber konnte ich ab diesem Zeitpunkt zu jeder Tages- und Nachtzeit sprechen.

Was war die Konsequenz? Die Kundinnen kamen. Schneller als es jemals für mich vorstellbar gewesen war. Und jede zahlte meine Preise. Nahezu kommentarlos. Warum? Weil sie spürten, dass es mir nicht ums Geld ging. Sondern um sie. Weil ihnen bewusst war, dass der Geldgigant wie bei mir auch für sie ein guter Unterstützer in diesem Prozess der Veränderung sein würde. Und weil ihnen der Sieg über den Abnehmgiganten einfach so viel mehr wert war als Geld.

Kunden wollen *nie* deine Miete bezahlen. Und auch nicht dein Visionboard. Auch zahlt niemand aus Mitleid deinen Preis. Kunden wollen eine Lösung für ihr Problem, ihren Bedarf und ihr Wohlbefinden. Das ist ihr Ziel. Und das völlig zu Recht. Du brauchst dir nur dein eigenes Kaufverhalten anschauen, dann verstehst du, was ich meine.

Letztendlich legte ich genau mit dieser Einstellung den Grundstein zu Millionärin von nebenan. Aber noch einmal zurück zum Anfang. Zurück zu meinen ersten Kundinnen. Kaum ging ich raus mit meiner Begeisterung und meinem umfassenden Erfahrungsschatz zu diesem Thema, meldeten sich jede Woche neue Leute.

Mein Angebot lautete: In acht Wochen denken, leben, fühlen, essen und folglich aussehen wie ein natürlich schlanker Mensch. Da packte ich all mein Wissen aus den Bereichen Mindset und Manifestieren, mein ganzes energetisches und Heilpraktikerwissen sowie eine intensive Betreuung rein. Die erste Kundin gewann ich für 3.000 Euro, Nummer 2 für 3.500 Euro, Nummer 3 und 4 für 5.000 Euro und Nummer 5 für 6.000 Euro. Das machte 22.500 Euro. In einem Monat. Im August 2018. Zur Erinnerung: Das entsprach bis dahin meinem Jahresgehalt als Heilpraktikerin.

Es war wie ein Rausch. Unfassbar. Unfassbar schnell.

Zwei dieser Frauen waren sogar ehemalige Klientinnen, die vorher zu mir für 60 beziehungsweise 80 Euro die Stunde als Heilpraktikerin kamen. Und auf einmal dieser finanzielle Wandel? Wie war das möglich?

Schnell zeigte sich, dass diese 22.500 Euro nur der Anfang sein sollten.

DEINE NÄCHSTEN SCHRITTE ZUM ERFOLG

Der Film »I feel pretty« zeigt, was dein Mindset für eine Auswirkung auf deine Gefühle, deine Handlungen und deine Realität hat. Sein – Tun – Haben par excellence. Eine klare Empfehlung, auch wenn du glücklich bist mit deiner Figur.
www.millionaerinvonnebenan.de/buch-bonus

4
EIN HAUCH VON REICHTUM
ODER: EINMAL SCHIEBETÜRENSCHRANK UND ZURÜCK

Es gibt Momente im Leben, die bleiben für immer. Einer dieser Momente entstand für Lukas und mich bei IKEA.

Es ging um unser »drittes Zimmer«. Gästezimmer, Arbeitszimmer, Abstellkammer. Alles in einem. Dafür suchten Lukas und ich nach einem Schrank. Das gute alte Expedit-Regal sollte gegen irgendeinen einfachen Schrank ausgetauscht werden. Ich meine, es ist »das dritte Zimmer«, dafür musste der Schrank nicht gut aussehen; nur praktisch musste er sein. Und durfte daher in keinem Fall viel kosten.

Früher wäre das so abgelaufen: Lukas hätte gesagt, dass das Regal für die Sachen, die wir dort aufbewahren wollen, nicht passt und wir einen anderen Schrank brauchen. Ich hätte gesagt, dass das völlig unnötig ist, weil ich auf keinen Fall für etwas Geld ausgeben wollte, bevor das Alte nicht komplett kaputt und unbrauchbar war. Das gab's bei uns zu Hause nicht. Da wurde *alles* genutzt, bis es in der Hand zerfiel.

Dieses Ping-Pong-Spiel hätten wir monatelang gespielt und uns immer und immer wieder in die Haare gekriegt. Lukas hatte ja recht – das Regal passte nicht mehr. Aber ich hätte dafür einfach kein Geld ausgeben *können*. Mein Denkrahmen hätte das bisher nicht hergegeben. Das Argument, das ich daher immer gezogen hatte, war: »Dafür haben wir kein Geld.«

Doch dann war es da, das Geld! Wir entschieden uns also spontan (!), an einem Freitagnachmittag (!) mit unseren Kindern (!!) zu IKEA zu fahren. Jeder, der Kinder hat, weiß, wovon ich spreche. In der Zwischenzeit stresste mich ja aber nichts mehr so schnell und ich war durch die Mindset-Arbeit insgesamt viel entspannter und flexibler geworden.

Wer sich schon einmal mit Schränken und Schranktüren beschäftigen durfte, weiß, dass Schiebetüren um ein Vielfaches teurer sind als die mit Scharnier. Auf gar keinen Fall hätten wir uns früher einen Schrank mit Schiebetüren gekauft! Für 450 Euro? Und dann auch noch für »das dritte Zimmer«? Auf Schwäbisch: Im Läbe ned. Zu Deutsch: Auf gar keinen Fall!

Jetzt, mit 22 500 Euro im Rücken, taten wir es. Und es fühlte sich unbeschreiblich an. So reich. So sorgenfrei. Obwohl ich seitdem das Zigfache von 22 500 Euro eingenommen und mir seitdem auch wesentlich teurere Sachen als Schränke für 450 Euro gekauft habe, habe ich mich nie wieder so reich gefühlt wie in diesem ersten Moment, in dem Geld nicht mehr das entscheidende Kriterium war.

Neben dem Schiebetürenschrank gab es noch so viele andere Dinge, die uns das Gefühl von Reichtum gaben: Wir luden Freunde zum Essen ein. Gaben 20 Prozent Trinkgeld. Gaben dem Postboten noch einen Zehner obendrauf. Kauften 60 Zahnbürsten für den Kindergarten. Spendeten. Bestellten ein zweites Getränk im Restaurant. Oder einen Cocktail. Für 8 Euro! Oder eine Vorspeise. Oder ein Dessert. Oder beides! Das ist für dich normal? Für uns damals definitiv nicht. Es war der Sommer unseres Lebens.

Ein schlankes Denken und ein dicker Geldbeutel – eine für mich bis dahin unvorstellbare Mischung. Damit begann für uns eine neue Zeitrechnung. Zum ersten Mal im Leben spürten wir, wie viel *Erleichterung* Geld bringt.

Versteh mich bitte richtig – ich habe mich in meinem alten Leben nie bewusst unglücklich gefühlt mit dem Geld, das wir zur Verfügung hatten. Gefühle sind sowieso immer etwas Subjektives. Es war einfach normal, dass Geld bei allem mitentschieden hat. Bei den Handwerkern. Bei den Klamotten. Beim Essengehen. Beim Urlaub. Beim Auto. Bei allem eben. Ich hatte *nie* auch nur darüber nachgedacht, dass das auch anders gehen *könnte*. Sonst hätte ich mich ja auch in einem Zustand der konstanten Unzufriedenheit und gleichzeitigen Ratlosigkeit befunden. Ein Zustand, den sicherlich keiner will. Ich habe mir lieber Geld schlecht und Reiche unsympathisch geredet und es so auch gleich moralisch noch verankert, dass alles genau so richtig ist, wie es ist. Da kannte ich den Satz »Das *Wie* ist nicht dein Business« noch nicht.

Mit so viel Geld im Geldbeutel entdeckte mein Kopf jedoch auf einmal eine ganz neue Realität. Das Leben bekam eine ganz neue Richtung, eine neue Qualität. Ich konnte *frei* entscheiden, was ich wollte! Was ich *wirklich* wollte. Gedanken um mein Parkticket im Parkhaus, das in zehn Minuten zur nächsten Stunde überspringen würde – nein, die wollte ich mir nie wieder machen. Früher bestimmten eben diese 2 Euro für die nächste angefangene Stunde mein Leben.

Ob Geld glücklich macht oder nicht, dazu kommen wir noch. In diesem Sommer in jedem Fall. Eins ist aber sicher: Geld erleichtert sehr, sehr vieles.

DEINE NÄCHSTEN SCHRITTE ZUM ERFOLG

Wie kannst du dir deine Verantwortung für dein Leben zurückholen? Indem du anfängst, auf deine Formulierungen zu achten. Auf das, was du jeden Tag denkst und sagst. Bis gestern also war es ganz normal, dass du dir dein Leben schöngeredet hast, weil für dich die Umstände schuld waren an deiner Situation.

Ab heute fragst du dich bei jeder Entscheidung:

- Was würde ich machen, wenn ich 100.000 Euro hätte?
- Was wäre, wenn Geld für diese Entscheidung keine Rolle spielte?
- Was macht mir gerade *jetzt* Freude?
- Was bringt mich voran?

Früher wärst du in deiner Komfortzone geblieben. Deine Angst hätte dich beschützt. Heute – indem du dir diese Fragen stellst –, erhältst du Ideen für eine »Inspired Action«, die dich wiederum zu neuen Ergebnissen führen werden.

Letztendlich hältst du dir bei deinen Entscheidungen gegen etwas diese zwei Sätze bereit:

- Ich *kann* es mir leisten, *möchte* es aber gerade nicht.
- Etwas anderes besitzt aktuell eine höhere Priorität in meinem Leben.

Damit wirst du immer mehr dahin kommen, zwischen *können* und *wollen* zu differenzieren. Du ermächtigst dich selbst, weil du verstehst, dass du eine Wahl hast. Vielleicht keine, die dir aktuell gefällt. Aber du hast eine. Und Schritt für Schritt wirst du neu denken, neu fühlen, neu handeln und damit neue Ergebnisse erzielen.

Als ich klein war, glaubte ich, Geld sei das wichtigste im Leben. Heute, da ich alt bin, weiß ich: Es stimmt.

Oscar Wilde

5
DAS GANZE UMFELD REDET
ODER: GELD ZEIGT DEN CHARAKTER

Solange man selbst redet, erfährt man nichts.

FREIFRAU MARIE VON EBNER-ESCHENBACH

Wer viel redet, glaubt am Ende, was er sagt.

HONORÉ DE BALZAC

Reden ist immer gut. Gespräche führen. Sich austauschen. Am anderen dran sein. Wissen, was bewegt.

Da gibt es nur eine Sache in unserem Kulturkreis: Wir reden ungern über Geld. Es sei denn, es ist zu wenig da. Aber definitiv reden wir nicht gern über viel Geld. Darüber, Geld haben zu wollen. Darüber, Geld gut zu finden. Das tun wir nicht.

Da wären sie wieder: die Glaubenssätze zu Geld. Einer meiner Favoriten ist: »Über Geld spricht man nicht.«

Bereits zwei Monate nach dem Rekordaugust 2018 mit 22.500 Euro klopften im Oktober 2018 meine ersten 100.000 Euro in einem Monat lautstark an meine Tür. Noch einmal: Dafür hätte als Heilpraktikerin fünf Jahre (!) gearbeitet. Jeden Tag. Kannst du dir vorstellen, was das für ein Kopfkino in mir ausgelöst hat?

Dieser unbeschreibliche Erfolg, EINHUNDERTTAUSEND Euro eingenommen zu haben, musste gefeiert werden. Im echten Leben wie auch mittlerweile auf meinen Social-Media-Kanälen. Nun befanden sich zu dieser Zeit noch vorwiegend »echte« Freunde in meiner Facebook-Freundesliste. Und die bekamen nun alle brühwarm aufgetischt, wie »unglaublich viel Geld« ich in kürzester Zeit eingenommen hatte. Denn das alte Motto, dass ich nicht über Geld spreche, hatte ich ja zu den Akten gelegt.

Bis vor Kurzem kannte ich solche Zahlen ja selbst nicht. Ich hätte es mir nicht vorstellen können, was es bedeutet, wenn jemand fünf- oder sechsstellig im Monat verdient. Zahlentechnisch ist es natürlich klar:

- 5-stellig = 5 Zeichen = 10.000 Euro und mehr
- 6-stellig = 6 Zeichen = 100.000 Euro und mehr

Lukas hat mal versucht, seinem Kumpel zu sagen, dass wir jetzt sechsstellige Einnahmen im Monat haben. Ungefähr 15 Minuten oder so hat Lukas es versucht. Dann hat er es aufgegeben. Es kam einfach nicht an. Keine Chance. Das Gehirn verweigerte diese Summe.

Das große Staunen ging weiter. Auf dem Weihnachtsmarkt traf Lukas einen seiner Kumpels.

»Hey, Lu, wie geht's? Lange nicht gesehen. Sag mal, was macht denn deine Freundin jetzt eigentlich? Das ist doch ein Schneeballsystem, oder? Wie *genau* macht sie das?«

Lukas erklärte.

»Versteh ich nicht. Erklär noch mal.«

Lukas erklärte noch mal.

»Und ... was meint ihr überhaupt mit sechsstellig? Und ihr fahrt jetzt echt Porsche? Also, ohne euch zu nahe treten zu wollen (Das ist übrigens ein Satz, der garantiert, dass du deinem gegenüber in der nächsten Sekunde zu nahe treten wirst!), aber ... ich wäre vorsichtig. Das hört sich nach was Illegalem an. Ich würde es nicht machen ... Aber ... ich freu mich natürlich für euch!«

Feindselig trat uns tatsächlich niemand gegenüber. Kritisch wohl. Es ist erstaunlich, zu beobachten, wie Menschen auf etwas reagieren, was weit außerhalb ihrer eigenen Vorstellungskraft liegt. Was in keine Schublade passt. Verübeln konnten wir es sowieso niemandem. Wenn ich ehrlich bin, weiß ich nicht, wie ich reagiert hätte aus meinem früheren Mindset heraus.

Wir Menschen sind so gestrickt, dass du das für dich aktuell Unmögliche schlechtreden *musst*. Du darfst es nicht hören *wollen*, dass etwas Außergewöhnliches auch für *dich* möglich wäre. Warum? Weil das bedeuten würde, dass es *auch* für dich möglich *ist*. Und das wiederum würde bedeuten, *du* müsstest etwas ändern. Gegebenenfalls hieße das auch, dass du bisher vielleicht zu bequem warst. Oder nicht mutig genug. Dass du die Umstände vorgeschoben hast. Du müsstest dich *selbst* infrage stellen. Das gibt das Mindset der wenigsten Leute her. Weil es schlicht und ergreifend am Anfang unbequem ist und alles andere als Spaß macht.

Mit mir selbst hat die ersten ein bis zwei Jahre fast niemand aus meinem Bekannten- und Freundeskreis konkret darüber gesprochen oder offen nachgefragt. Lukas wurde ausgequetscht, unsere besten Freunde auch, aber mich *persönlich* sprach niemand darauf an.

Wahre Freunde bleiben auch dann,
wenn es dir richtig gut geht.

LUKAS HEUSER

Wir wussten, dass extrem viel geredet wurde. Aber Neid und Kritik haben wir bis heute kaum (direkt) erfahren. Ich erkläre mir das mit dem »Millionärin von nebenan«-Effekt.

Bist du ohne Geld ein Depp, bist du mit Geld ein noch viel größerer. Bist du ohne Geld eine großzügige, wertschätzende und umsichtige Person, dann bist du mit Geld eine noch umsichtigere, noch wertschätzendere, noch dankbarere Person.

Geld verdirbt nicht den Charakter. Es zeigt ihn.

UNBEKANNT

Geld agiert als Verstärker, als Lautsprecher für dich und dein Leben. Du bist einfach noch *mehr* von dem, was du vorher schon warst.

Wir selbst konnten quasi zuschauen, wie unser Einkommen die Lattenzäune des Denkrahmens in unserem Umfeld förmlich weggefegt hat. Mit dem Porsche und zwei Kindersitzen drin auf dem Familienparkplatz beim Aldi? Mit dem 2.500 Euro-Chanel-Kleid und hohen Schuhen auf dem dreckigen Kindergartenboden, um den Kleinen anzuziehen? Tupperboxen in der Louis-Vuitton-Tasche? Selbst den Rollrasen verlegen, obwohl jetzt Geld da ist? Erst auf den Campingplatz und von dort aus ins Fünfsternehotel? Nett *und* reich? Bodenständig in High Heels? Das war unser neues Leben. Und unser Umfeld fand es mehr als sympathisch.

Wir sind immer noch dieselben Personen. Stephanie Raiser und Lukas Heuser. Nur mit mehr Geld. Mehr Möglichkeiten. Mehr Wirkungskreis. Mit anderen Autos und anderen Urlaubsorten.

Eins ist klar, für jede zusätzliche Millionärin und jeden zukünftigen Millionär von nebenan gilt: die Schublade, dass Geld den Charakter verdirbt, bleibt zu.

DEINE NÄCHSTEN SCHRITTE ZUM ERFOLG

Was sind deine Vorurteile, deine Bewertungen, deine Gedanken zu Reichen? Zu Luxus?

- Schreibe alle Glaubenssätze auf, die dir dazu einfallen. Es können deine eigenen Glaubenssätze sein, aber auch die deiner Eltern oder der Gesellschaft. Alles, was dir in den Sinn kommt, hat dich an der einen oder anderen Stelle geprägt.
- Überprüfe den Wahrheitsgehalt dieser Aussagen:
  - Ist das wirklich wahr? Gibt es Beweise dafür?
  - Gilt das für alle Reichen? Gilt das für jeglichen Luxus?
  - Wie viele Menschen kenne ich persönlich, bei denen das so ist?
  - Wenn alles möglich ist – laufe ich wirklich Gefahr, dass das bei mir genauso wäre?
- Mache dir eine neue Liste, was du stattdessen glauben willst. Deine ganz eigene, neue, sympathische Variante von Reichtum und Luxus.

6

KAUF DIR BLOSS KEINEN NEUWAGEN

ODER: DER 100.000 EURO-MONAT

Nicht nur unsere Freunde hatten über die sozialen Medien mitbekommen, dass sich bei uns finanziell »so ein bisschen« was geändert hatte, sondern auch meine Eltern. Ich hatte niemandem in meiner Familie erzählt, dass ich ein Coaching gebucht hatte, und auch nicht, dass ich jetzt nicht mehr als Heilpraktikerin arbeitete.

Aber vor dem »Über 100.000 Euro in einem Monat«-Post auf Facebook habe ich mir gedacht, es wäre vielleicht doch nicht die schlechteste Idee, meine Mama mal anzurufen, dass sie es doch von mir direkt erfährt. Da stand ich nun auf einem Supermarkt-Parkplatz in Wiesbaden. Ich weiß es noch wie heute.

»Hey Mama! Ähm, ich wollte dir was erzählen ... also ich weiß nicht, ob du es auf Facebook gesehen hast, aber ... ich habe mich beruflich ein bisschen anders aufgestellt.«

»Hallo Schbätzle! Ja des han i gseha. Machsch des jedzd au no als Heilbrakdikerin?«

»Nee, nicht ganz. Ich arbeite nicht mehr als Heilpraktikerin. Ich arbeite als Coach. Ich mache jetzt auch nur noch das Thema, dass man sich wohl in seinem Körper fühlt. Und joah ... Es läuft ganz gut. Ich habe jetzt, ähm, 100.000 Euro in diesem Monat eingenommen.«

Schweigen auf der anderen Seite.

Ich bin mir nicht wirklich sicher, ob es bei meiner Mama wirklich ankam, dass es 100.000 Euro waren. In diesem einen Monat. Die typische Reaktion der Leute bis dahin ist so ein Rauschen oder Piepen im Ohr, wie so eine Frequenzstörung. Dann, irgendwann kam ein verblüfftes: »Jo, Mensch, so viel Geld. Des isch ja unglaublich. Aber des machsch ned öffentlich, ge?! Bloß ned! Schätzle, versprich mer des! Jesses, meine Nerva! «

»Ja, schau mer mal ...«

»Aber, Mensch, des freit mi für di! Da könned ihr ja jedzd endlich Handwerkr bzahla.«

»Ähm, ja. Auch. Also, eigentlich wollen wir uns einen Porsche kaufen.«

»Des machsch ned! Auf gar koin Fall. En NEUWAGA?«

»Ja! Wenn mir der gefällt ...«

»Schbätzle, des isch so en Werdverluschd! Aber mir freiet uns fir di! Des woisch Schätzle!«

Da sind sie wieder. Die 2 Euro für die nächste angefangene Stunde im Parkhaus, die mein Leben bestimmen sollen. Diesmal in Form eines Wertverlustes, der meine Autowahl bestimmen sollte. Aber ich hatte entschieden, dass Geld ab jetzt *nicht* mehr über mein Leben bestimmt. Das war einmal. Ich möchte das Auto kaufen, was mich gerade glücklich macht. Ich möchte das kaufen, was ich gerade am tollsten finde, und nicht bei jeder Handlung als oberste Priorität den Kopf angehen lassen, wie hoch mein Wertverlust ist.

Hallo liebes Gesetz der Anziehung: Ich lege ab jetzt keinen Fokus mehr auf den Verlust. »Ich habe zu wenig von« ist passé. *Davon* möchte ich ab jetzt weniger und mehr von: »Ich habe mehr, viel mehr als genug in meinem Leben.«

Reminder: Du bekommst mehr von dem, worauf du *Fokus* gibst! Es geht hier nicht um Verschwendung. Nicht darum, Geld rauszuhauen. An dieser Stelle wird mir doch immer wieder das Wort im Mund rumgedreht: »Aber was ist mit der Umwelt? Was ist mit den Menschen, die viel weniger haben?«

Das ist sicher auch eine spannende Diskussion. An dieser Stelle geht es aber darum, dass das nicht die Gründe gewesen wären, keinen Porsche zu kaufen. In diesem Fall hätte es das eigene beschränkte Money-Mindset nicht zugelassen. In diesem Fall hätten Konditionierungen und Mangel die Gedankenkontrolle übernommen. Und *das* wollte ich nicht mehr in meinem Leben.

Es war so ein schönes und – für mich – lustiges Gespräch mit meiner Mama. Ich habe einfach mal kurz das Leben meiner Eltern auf den Kopf gestellt – im positivsten Sinne! Meine Mama hat sich so für mich gefreut. Ich wäre zu gerne Mäuschen gewesen als sie es meinem Papa erzählt hat.

DEINE NÄCHSTEN SCHRITTE ZUM ERFOLG: SCHAFFE DIR POSITIVE AFFIRMATIONEN

Notier dir ein Mantra auf einem Post-it und klebe es an eine gut sichtbare Stelle in deiner Wohnung. Du wirst es lieben, daran vorbeizugehen und dich an der Botschaft zu erfreuen. Ein paar Beispiele für Mantras, die dich beflügeln werden:

1. Ich kann, wenn ich will.
2. Ich kann mir einfach alles leisten, wenn ich wirklich will.
3. Wenn ich es nicht möchte, dann hat es gerade keine echte Priorität für mich.

Als Kind obliegt man noch nicht diesem gängigen Gedanken, alles klassifizieren zu wollen. Ein Dreijähriger unterscheidet nicht zwischen einem Porsche und einem 3er-Golf. Das eine ist ein Auto und das andere eben auch. Vier Räder. Ein Dach. Los geht's. All diese Gedanken um die Umweltverschmutzung, Maßlosigkeit und Attitüde eines Porschefahrers erlernt der Dreijährige erst später im Laufe seines Lebens durch sein direktes Umfeld. Je nachdem, wie man dort zu Louis Vuitton, Rolex oder Ferrari steht, wird konditioniert. Alles, was das Kind dazu später denkt, ist erlernt.

Allein schon, dass ich etwas anderes denke als du, zeigt, dass es absolut subjektiv ist, ein bestimmtes Mindset zu einem Gedanken, einem Objekt oder einer Marke zu spüren. Dieses Mindset kann ein dienendes sein oder eben eins, was dir nicht dient. Es beruht alles auf der Konditionierung, auf dem, was du im Laufe deines Lebens lernen durftest. Bewusst oder unbewusst.

Wie wäre es für dich, in den neuen Modus zu kommen, frei wählen zu dürfen? Wirklich frei zu sein in deiner Wahl. Danach auszuwählen, was dir Freude bereitet.

DEINE NÄCHSTEN SCHRITTE ZUM ERFOLG: WERDE DIR DEINER SPRACHE BEWUSST – RAUS AUS DER AUSSAGE, REIN IN DIE FRAGE!

Punkt 1: Du musst erstmal nichts verändern. Sondern Schritt 1 ist immer erstmal die Wahrnehmung. Das heißt, du kannst erstmal so weiterreden wie bisher. Nimm es jedoch wahr! Werde dir jedoch deiner Aussagen bewusst.

Punkt 2: Jede Veränderung beginnt damit, dass du dir über etwas bewusst wirst. Dieses Bewusstsein möchte ich für deine Sprache schärfen. Im Detail geht es um deine Aussagen und Glaubenssätze.

Glaubenssatz = Alles was du glaubst (und fühlst), ist wahr.

Achte ab sofort auf deine Formulierungen, denn mit jeder Aussage festigst du deinen aktuellen Zustand. Das führt dazu, dass es weiterhin so bleibt, wie es ist. Fang an, in Fragen zu reden, damit das Universum etwas anderes antworten kann als »Ja«.

- Was will ich glauben?
- Welche (Glaubens-)Sätze will ich mir ab heute sagen, um diese zukünftig zu glauben?

Mit deiner Wortwahl gestaltest du bereits heute deine Zukunft.

Wenn ich immer sage: »Als Angestellte werde ich nie 100.000 Euro verdienen«, – dann ist es so und es bleibt auch so. Dann festigst du mit jeder Wiederholung diesen Zustand. Das Universum antwortet mit »Ja« statt mit neuen Ideen, Gedanken, Impulsen, Kontakten. Denn es steht ja für dich fest, dass es so bleibt, wie es ist.

Mit der Frage »Wie kann ich 100.000 Euro im Jahr einnehmen?« bekommst du vielleicht nicht direkt am nächsten Tag die Lösung auf dem Silbertablett geliefert. Aber vielleicht nach einer Woche, einem Monat oder einem Jahr. In jedem Fall wesentlich schneller, als wenn du auf deiner Aussage beharrst.

Ab jetzt heißt es: Üben. Übe, positiv zu sprechen. Übe, alte Glaubenssätze hinter dir zu lassen.

TEIL V
ALLES STEHT KOPF – KINDER UND PARTNERSCHAFT

1

STUNDENLOHN = MONATSLOHN

ODER: VOM TRIGGER, GLÜCKLICH ZU SEIN

Wir durften uns vor 2018 schon in der glücklichen Lage schätzen, zur oberen Mittelklasse in Deutschland zu gehören. Mit 70.000 Euro Bruttojahresgehalt von Lukas. Inklusive Weihnachts- und Urlaubsgeld. Plus 20.000 Euro, die ich als Heilpraktikerin verdiente. Doch konnten Lukas und ich das fühlen? Fühlen, dass wir zur oberen Mittelschicht gehören? Nein. Ganz klar nein. Eigentlich traurig, oder?! Unser Haus in Wiesbaden mit Garten, die Autos, unsere zwei Kinder und hin und wieder Essen gehen. Ja, das war schon was! Und doch frustrierte es uns, »nur« den Urlaub auf dem Campingplatz zu verbringen und bei unserem Lebenswerk, dem Bau unseres Hauses alles selbst machen zu *müssen*, weil Handwerker in unserer Kalkulation einfach nicht vorkommen *konnten*.

Aus unserer damaligen Sicht erschien es uns auch mehr als okay, so zu leben. Alles – bis auf das mit den Handwerkern – fühlte sich gut an. Normal. Hin und wieder fragte ich mich:

»Hm, warum fühle ich mich eigentlich nicht *reich*, wenn ich es doch laut Statistik bin?«

Verbindet nicht jeder mit »genug« Geld das Gefühl, dass Geld nicht mehr das entscheidende Kriterium ist? Sondern dass man nach Freude, Lust und Laune entscheiden kann, was man haben will? Nein. Das war bei uns definitiv nicht der Fall. Auch weil natürlich alles Geld, was irgendwie doch mal übrig war, nicht in Lust investiert wurde, sondern in Sicherheit. Rente. Vorsorge. Du weißt schon. Geld war in so vielen Situationen das bestimmende Kriterium.

Aber auf einmal war alles anders. Mein neues Business lief sehr gut. Sehr, sehr gut. Dabei war es der erste Monat, in dem ich wirklich sichtbar in Social Media geworden war. Ich hatte ein bis zwei Gesprächsbuchungen die Woche.

Eines Abends wurde ich nach einer Erstberatung erneut für eine Zusammenarbeit gebucht. Wert: 5.000 Euro. Ich freute mich *riesig* für die Frau, die gebucht hatte, denn ich wusste: Das wird ihr Leben verändern. So wie es meins verändert hat. Und ich freute mich auch für mich. Über den Zuspruch. Und ja – *auch* über das Geld.

Das *musste* ich Lukas erzählen. Also auf in die Garage, wo er jeden Abend Stunden verbrachte und fleißig an seinem 2er-Golf schraubte. Völlig begeistert rannte ich die Treppe runter, platzte in die Garage und rief:

»Lukas, ich habe einen Abschluss gemacht! Über 5.000 Euro!«

PARTY!!

Lukas hing gerade unter der Motorhaube.

Schaute hoch.

Schaute mich an.

Schaute wieder unter die Motorhaube.

Und schraubte weiter.

Verdattert sagte ich: »Äh?? Könntest du dich vielleicht freuen?!«

Lukas schaute wieder hoch. Schaute mich wieder an.

Schaute wieder zurück unter die Motorhaube.

Schraubte wieder weiter.

»HALLO? Ich habe gerade 5.000 Euro eingenommen, und du sagst *nichts* dazu?«

Er schaute mich wieder an. Lange. Und sagte: »Wie soll ich mich denn bitte darüber freuen? Ich freu mich für *dich*. Wirklich! Das weißt du. Aber, wie soll ich mich darüber freuen? Du hast gerade in einer Stunde das eingenommen, was ich in einem ganzen Monat bekomme. Wofür ich jede Woche 40 Stunden plus Fahrzeit arbeiten muss. Das führt doch meine Arbeit völlig ad absurdum.«

Dazu muss man sagen, dass Lukas seine Arbeit *geliebt* hat. Und dass es ihn fertiggemacht hat, dass seine geliebte Arbeit von der monetären Sichtweise betrachtet auf einmal völlig sinnlos erschien.

»Du bringst hier Tausende von Euro nach Hause, so schnell kann ich mittlerweile gar nicht mehr zählen. Und ich? Ich musste mir heute eine Freigabe für irgendeinen Kleinscheiß für 17 Euro schriftlich einholen. Das ist doch absurd!«

Lukas war frustriert. Er war stolz auf mich. Aber mit ihm machte meine Entwicklung – die finanzielle, aber besonders die persönliche – auch extrem viel. Ich hatte meinen Coach, mit dem ich mich ständig austauschen konnte. Ich durchlebte diese ganzen Veränderungen bewusst. Noch dazu hatte ich meine Coaching-Kollegen, die sich auf derselben Reise befanden. Doch Lukas bekam sozusagen immer nur die fertigen Ergebnisse geliefert. Nicht den Prozess. Zudem fehlte ihm jemand, mit dem er sich darüber austauschen konnte. Der das alles verstehen und sich mit ihm freuen würde.

»Schatz, *du* bist jede Woche im Coaching. Ich nicht! Ich hab' keine Ahnung, warum alles auf einmal so ist, wie es ist! Ja, ich finde es super, aber ich versteh's nicht.«

Im Gespräch mit anderen sagte er meistens mittlerweile einfach die Wahrheit, nämlich dass seine Frau sein Jahresgehalt im Monat verdient. Die meisten lachten dann einfach nur und dachten, dass er einen Scherz machte. Schließlich war das ja unmöglich. 70.000 Euro in einem Monat. »Der Lukas – immer für ein Späßchen zu haben.«

Lukas wusste manchmal nicht, ob er lachen oder weinen sollte. Klar hat es ihn auch oft amüsiert. Die Rolle dessen, der so verrückte Geschichten erzählen kann, gefiel ihm schon auch recht gut. Wer Lukas kennt, der weiß, wovon ich spreche!

Aber so alles in allem? Da war es nicht lustig, dass wir es niemandem erzählen konnten. Oder dass *in unserem Kopf* war, dass wir es niemandem erzählen konnten. Dass wir Angst hatten, dass man uns mit Neid begegnete. Oder dass sich die andere Person nicht wirklich freut. Geschweige denn das Problem versteht. Das Luxusproblem.

Was sagt das denn eigentlich über unsere Gesellschaft aus? Dass man das Gefühl hat, man kann, man darf es nicht teilen, wenn es einem gut geht? Dass man ständig auf dem Schirm haben muss, dass das ja irgendjemanden triggern könnte? Dass man ständig auf dem Schirm haben musste, dass es ja auch andere Leute gibt, denen es nicht so gut geht? Dass es rücksichtslos denen gegenüber wäre, sein eigenes Glück so offen zur Schau zu tragen?

Dabei: Ich mache gar nichts *gegen* irgendjemanden. Ich mache auch nichts Illegales. Ich habe niemandem was weggenommen. Ich bin mutig gewesen. Ich habe was Neues gelernt. Ich habe Ängste überwunden. Das alles sollte nicht zählen? Reich sein, ist einfach nicht »in«. Zumindest ist es nicht in, offen damit umzugehen.

Bis gestern. Heute steht Millionärin von nebenan genau für das: sympathisch finanziell erfolgreich.

Bereits Buddha wusste: Ich werde morgen sein, was ich heute denke. Wir sollten *dringend* anfangen, umzudenken.

Damit »reich« das neue Normal wird.

DEINE NÄCHSTEN SCHRITTE ZUM ERFOLG

- Übe dich in Verständnis. Du begibst dich allein schon mit diesem Buch auf eine neue Reise – zu Geld und zu dir. Was alles in deinem Kopf während dieser Reise passiert und sich verändert, weiß niemand außer dir. Nimm die Menschen, die dir wichtig sind, mit auf diese Reise, dass du ihnen die Möglichkeit gibst, dich zu unterstützen.
- Jeder aus seiner besten Option: Wenn dich jemand kritisiert, zurückhalten oder dir deine neuen Gedanken und Ansätze schlecht reden will, machen diese Menschen es niemals gegen dich. Sondern *für* sich. Entweder damit ihr Leben und Einkommen weiterhin noch okay ist und eine Berechtigung hat. Oder weil sie dich – aus ihrer Perspektive – wirklich vor Schlimmerem bewahren wollen. Das heißt, im Grunde ist es ein Liebesbeweis, denn sonst könnte es ihnen ja auch gleichgültig sein.
- Suche dir ein Umfeld, das gleich denkt, gleiche Ziele hat wie du. Diese findest du unter anderem in der Community von Millionärin von nebenan (www.millionaerinvonnebenan.de/buch-bonus)

2
WAS IST EIN PAPA WERT?
ODER: ROLLENWECHSEL MIT HINDERNISSEN

Unsere neue finanzielle Situation warf bei Lukas noch mehr Sinnfragen auf: »Was ist mein Sinn in diesem ganzen Konstrukt? Mein Mehrwert? Wenn es auf einmal nicht mehr der Sinn ist, dass meine Arbeit einen Wert hat und dass dieser Wert unsere Familie ernährt …«

Wir beschlossen, dass Lukas Stunden reduzieren und im Februar 2019 komplett für sechs Monate unbezahlt in Elternzeit gehen sollte.

»Aber Herr Heuser – das ist *unbezahlte* Elternzeit«, sagte sein Chef, nach wie vor ungläubig, dass diese Entscheidung ernst gemeint sein könnte.

»Ja, ich weiß.«

»Sie bekommen *kein* Gehalt.«

»Ja, ich weiß.«

»Von was wollen Sie denn leben?«

»Meine Frau verdient ganz gutes Geld.«

»Ja, aber … Da müsste sie schon wirklich *sehr* gut verdienen.«

(Auch interessant! Wenn *Lukas* seine Familie ernährt, dann reicht sein Gehalt. Wenn *ich* als Frau das mache, wird es noch mal extra betont.)

»Ja, das macht sie. Ungefähr das Zehnfache von mir.«

Kein Kommentar mehr.

Für uns war das super! Lukas war komplett zu Hause. Das bedeutete: Viel mehr Zeit. Für alles. Mehr Zeit für die Kids. Mehr Zeit für meine Arbeit. Mehr Zeit für uns. Mehr Zeit für Familie. Mehr Zeit fürs Haus. Sieben Tage Wochenende. Ein Traum in Tüten. Zumindest für eine Weile.

Doch dann stritten wir tatsächlich des Öfteren wieder miteinander. Eigentlich war es mehr so ein unterschwelliges Angezicke. Schließlich läuft doch alles *perfekt*! Da *darf* man sich nicht mehr streiten. Als Person mit Geld *muss* dir *immer* die Sonne aus dem Po scheinen! Denn sonst bist du undankbar!

(Du wunderst dich noch? Ich nicht mehr.)

Wir hatten komplett die Rollen gewechselt. Ich arbeitete. In meinem Business und vorwiegend an mir. Und mittlerweile auch wirklich viel, denn das Ganze war wirklich explodiert! Ich hatte *sehr* viele Kundinnen. Und *sehr* viel zu tun. Skalierung hin oder her.

Lukas war für die Kids verantwortlich. Er brachte Hannes zur Tagesmutter und Henri in den Kindergarten und übernahm das Nachmittagsprogramm. Zwischendrin schraubte er an seinen Autos und hatte diverse Projekte in und um unser Haus am Laufen. Die Bindung zwischen den Kids und ihm nahm noch einmal eine ganz andere Tiefe an. Er war vorher schon der beste Papa, den man sich wünschen kann. Und es wurde *noch* schöner für die Kids. Vielleicht lag es auch daran, weil er grundsätzlich der Geduldigere von uns beiden ist und viel coolere Sachen mit Sägen und Matschen und immer irgendwas mit Schubkarren auf Lager hatte als ich. Wer weiß.

Aber irgendwann – gefühlt nach relativ kurzer Zeit – nahm der Reiz an der Elternzeit für Lukas massiv ab. Er wollte *mehr*. Mehr als nur Papa sein. Anfänglich nervte mich dieser Gedanke! Und zwar nicht zu knapp. Mehr? Mehr wovon denn genau, bitte? Wie undankbar kann man eigentlich sein? Wir haben uns doch *gemeinsam* für Kinder entschieden. Hat mich damals irgendjemand gefragt, ob ich *mehr* sein möchte als Mama? Nein. Ich musste irgendwie schauen, wie ich alles unter einen Hut bekam. Aber bitte stillschweigend, denn sonst wäre ich wahlweise eine Raben- oder eine Helikoptermama gewesen. Hat mich jemand nach *meinem* Wert abgesehen vom Kinderkriegen gefragt? Nach meinen Bedürfnissen und Zielen? Was mich inspiriert, erfüllt und noch glücklicher macht? »Du hast doch Kinder. Dafür solltest du glücklich und dankbar sein!« Das bin ich auch!

Und ich möchte noch mehr.

Kennst du das Gefühl, wenn man mehr will, dass man immer so ein bisschen den Kopf einzieht und sich nicht wirklich traut, das völlig frei nach außen zu tragen? Nur so als kurze Zwischenfrage ...

Also – Lukas hat sich in jedem Fall getraut, dieses Bedürfnis nach »mehr« zu äußern. Und mich hat es schön in Wallung gebracht, weil *ich* mir dieses Bedürfnis nie zugestanden hatte.

Kurzer Rückblick: 2012 war ich – mal wieder – auf einer Fortbildung für meine alternativmedizinische Nebentätigkeit. Mit mir waren dort vorwiegend Frauen zwischen 45 und 55, einige (in meiner Wahrnehmung eher viele) davon getrennt, neu vergeben oder aktuell noch unglücklich liiert. Größtenteils weil sie sich auseinandergelebt hatten: Die Frau hatte sich weiterentwickelt, sich viel mit Bewusstseinsarbeit, dem Universum und mit Spiritualität beschäftigt. Der Partner nicht.

Ich kam von dieser Fortbildung nach Hause und heulte wie ein Schlosshund. Warum? Ich hatte eine Scheißangst, Lukas zu verlieren, wenn ich meinen Weg weiterginge. Und ich wollte Lukas auf gar keinen Fall verlieren.

Also beschloss ich und gestand ihm ehrlich: »Ich will mehr. Ich will mich weiterentwickeln. Aber ich habe so eine Angst, dich auf dem Weg zu verlieren! Können wir darüber sprechen, wie beides möglich ist?«

Und was hab' ich für einen tollen Mann? Er sagte: »Nimm mich doch einfach mit auf die Reise! Lass mich immer wissen, was dich beschäftigt und wohin du dich entwickelst. Was gerade los ist.«

Genauso ging es Lukas jetzt. Er wollte mehr und er sprach es an.

Also – was war das Thema *hinter* dem Thema? Was war das Thema hinter »Ich hab keinen Bock, *nur* Papa zu sein«? Es war die Frage nach seinem Wert. Seinem Wert für unsere Familie. Seinem Wert losgelöst von Geld. Seinem »Sinn« – für uns. Für ihn. Für die Welt.

Lukas und ich waren und sind zusammen, weil wir uns lieben. Weil wir uns als Menschen gegenseitig einen Wert füreinander stiften.

Ich war nicht mit Lukas zusammen, weil er 70.000 Euro im Jahr nach Hause brachte. Und von daher war es mir auch egal, dass er jetzt gerade nichts einnahm. Ich war mir dessen sehr wohl bewusst, dass mein Erfolg auch viel mit seiner Unterstützung und seinem Rückhalt zu tun hatte. Daher hatte ich nie das Gefühl, dass ich jetzt »wichtiger« in unserer Familie war, nur weil ich das Geld nach Hause brachte.

Und obwohl es immer *unser* Geld war – egal, wer es einnahm – es machte etwas mit Lukas, dass wir die Rollen getauscht hatten. Schon abgefahren, was so ein Rollenwechsel doch auf einmal alles an Fragen aufwirft. Da merkt man erstmal, wie sehr einen das klassische Rollenbild – völlig unbewusst natürlich – geprägt hat.

> *Man muss das Selbstbewusstsein der Männer stärken, denn selbstbewusste Männer haben keine Angst vor selbstbewussten Frauen.*
>
> FREI NACH JULIA DINGWORT-NUSSECK

DEINE NÄCHSTEN SCHRITTE ZUM ERFOLG: WAS IST DEIN WERT?

Lukas musste, konnte, durfte ganz neu seinen Wert herausfinden. Was will ich, wenn ich nicht mehr muss? Er musste plötzlich nicht mehr arbeiten, sondern konnte (nahezu) frei entscheiden. Er durfte seinen Wert – für uns und für sich – völlig neu entdecken. Ganz für sich. So wie du jetzt.

Daher habe ich hier eine simple Aufgabe für dich: Notiere dir jeden Tag fünf Dinge zum Thema: »Ich bin wertvoll, weil …«

In Wahrheit bist du natürlich schon wertvoll, ohne ein »weil« dahinter. Aber vielleicht ist das »weil« auch für dich ein guter Zwischenschritt, um auch wirklich ins Gefühl zu deinem Wert zu kommen. Und mittlerweile weißt du ja, was sich manifestiert in deinem Leben.

3
KOMMUNIKATION IS KING
ODER: DAS REZEPT FÜR GLÜCKLICHE BEZIEHUNGEN

Wer fremde Sprachen nicht kennt, weiß nichts von seiner eigenen.
JOHANN WOLFGANG VON GOETHE

Was kannst du aus dem letzten Kapitel für dich und deine Beziehung mitnehmen? Im Kern sollte man sich als Paar immer wieder auf *eine* Sache besinnen: Wir wollen das Gleiche!

Das ist der Satz, den Lukas und ich uns immer wieder sagen, wenn wir in irgendeiner Form unzufrieden sind. Dieser Satz hat uns in unserer Beziehung schon hundertmal geholfen. Und er hilft uns bis heute. Wenn wir uns uneinig sind oder uns gegenseitig nerven, es Diskussionen gibt über was auch immer, dann ziehen wir – sobald wir daran denken – imaginär den Zettel, auf dem steht: *STOPP! Wir wollen das Gleiche.*

Ich glaube, in den harmonischsten Beziehungen gehen die Meinungen auch mal auseinander. Das ist normal, das kennen wir alle. Wichtig ist, sich immer wieder zu sagen: »Wir haben einen gemeinsamen Nenner. Wir wollen zusammenbleiben. Wir lieben uns doch. Wir wollen, dass es mit uns beiden klappt. Dass es läuft.«

Du willst es so, wie du willst, und dein Partner will es so, wie er will. Aber immerhin wollt ihr *beide*, dass es läuft. Mal ist man sich seiner Liebe mehr bewusst, mal weniger. Wenn es mal eine Zeitlang *weniger* ist, dann weißt du ab heute, dass du den Zettel mit »Stopp! Wir wollen doch das Gleiche« eben einen Moment zu spät gezückt hast. Dann gilt es, ein bisschen genauer hinzuschauen.

Ich sage immer: Lukas ist nicht der perfekte Mann. Aber er ist der perfekte Mann für mich!

Eigentlich ist es doch ganz natürlich, dass man den Partner immer wieder neu finden muss. Sich selbst findet man ja auch immer wieder aufs Neue. Man arbeitet an sich, entwickelt sich weiter. Dass da die Beziehung nicht so bleiben kann, wie sie immer war, ist nur eine logische Konsequenz. Vielleicht fragst du dich, ob diese persönliche Weiterentwicklung eigentlich jemals aufhört. Sagen wir mal so: *Ich* bin auf jeden Fall noch nicht an dem Punkt angekommen, an dem es so weit wäre, nichts mehr zu machen. Von daher ist meine momentane Antwort auf diese Frage eher ein sehr überzeugtes Nein.

Aber die gute Nachricht ist: Persönlich erfüllt und finanziell erfolgreich zu sein, fängt in jedem Fall schon viel früher an! Dafür muss man nicht »fertig« sein.

Was ich dir für eine bessere Kommunikation definitiv ans Herz legen kann und was Lukas' und meine Beziehung schon zigmal gerettet hat, sind *Die 5 Sprachen der Liebe* von Gary Chapman*. An dieser Stelle möchte ich dir eine kurze Zusammenfas-

---

* Gary Chapman: *Die 5 Sprachen der Liebe – Wie Kommunikation in der Partnerschaft gelingt*. Francke-Buch, 1994.

sung davon an die Hand geben. Die fünf Sprachen der Liebe sind Chapman zufolge:

1. Sprache: Lob und Anerkennung
2. Sprache: Zweisamkeit
3. Sprache: Geschenke
4. Sprache: Hilfsbereitschaft
5. Sprache: Zärtlichkeit

Das von dem amerikanischen Beziehungsberater aufgestellte Konzept fußt auf dem Umstand, dass manche Partner unterschiedliche Muttersprachen sprechen, wie beispielsweise Spanisch und Deutsch. Wie sollen die beiden miteinander kommunizieren, wenn sie die jeweils andere Sprache nur mäßig gut beherrschen? Gut, man könnte sagen, auf gewisse Art und Weise mit dem alten Konzept: Blicke sagen mehr als Worte. Doch es wird Momente im Beziehungsalltag geben, die einer Sprache bedürfen. Nun kann ein Partner die Sprache des anderen lernen. 50 Prozent des Beziehungsalltags sind damit safe. Was passiert aber nun in kritischen Situationen, wenn man sich in der neuen Fremdsprache nicht zu 100 Prozent passend ausdrücken kann? Wenn man eine Vokabel wählt, die vielleicht zwei Bedeutungen hat? Oder wenn man die Worte aus der Muttersprache wortwörtlich übersetzt und damit in der anderen Sprache nicht ganz das ausdrückt, was man eigentlich beabsichtigt hat? Dann wäre es eben von Vorteil, wenn der andere nicht wild reininterpretiert. Es wäre von Vorteil, wenn der andere die Sprache wirklich *versteht*.

Mit Hilfe des wunderbaren Konzepts der fünf Sprachen der Liebe entdeckten Lukas und ich unsere Sprachen. Wir fanden heraus, welche Sprache der andere spricht (Sender) und welche wir verstehen (Empfänger). Lukas spricht zum Beispiel »Lob und Anerkennung«. Blöd nur, dass ich diese Sprache nicht verstehe. Hinzu kommt: Er spricht »Zärtlichkeit«. Da habe ich noch nicht mal Sprachniveau A1 ... Wenn wir uns früher gestritten haben, dann wollte Lukas mich zur Versöhnung immer umarmen. Ich dagegen war davon wiederum erneut eher genervt. Ich war noch nicht bereit für Versöhnung, weil zum Beispiel das Bett nicht gemacht, der Müll nicht rausgebracht, das Scheibenwischwasser nicht aufgefüllt und der Strafzettel nicht bezahlt ist. Grrr!

Und jetzt rate mal, welche Sprache *ich* verstehe. Richtig – ich spreche und verstehe »Hilfsbereitschaft«. Also Dinge für andere *machen*. Nicht reden, nicht umarmen, keine Blumen! Aufräumen bitte. Danke. Also, früher war das zumindest so.

Um es auf den Punkt zu bringen: In Lukas' Sprache hat er mich sozusagen zugeschüttet mit Liebe, wenn er mich immer umarmen wollte vor Stolz. Wenn er mir immer gesagt hat, wie unfassbar toll er alles findet, was ich mache. Wenn er allen davon erzählt hat – egal, ob sie es hören wollten oder nicht.

Umso trauriger, dass auf meinem »Dankbarkeits- und Geliebtwerden-Konto« dabei ziemlich wenig angekommen ist, weil ich bis dato nur »Hilfsbereitschaft« verstanden habe.

Es war wirklich ein wahrer Segen, als wir die fünf Sprachen der Liebe kennenlernten. Endlich konnte ich all die Liebe, Dankbarkeit und Aufmerksamkeit, die Lukas mir entgegenbrachte, richtig verbuchen. Endlich kam es an.

Der Mülleimer ist zwar immer noch voll, der Tisch nicht abgeräumt und überall liegen Socken rum. Ich äußere hier auch immer wieder meine Bedürfnisse und dass ich es mir anders wünsche. *Aber* ich setze es nicht mehr damit gleich, dass ich ihm nicht wichtig wäre.

Über diese Misskommunikation gehen Ehen auseinander. Klassisches Beispiel: die offene Zahnpastatube, die das Fass zum Überlaufen bringt.

Ab heute weißt du es besser und du kannst deinen Partner ganz neu lesen. Du kannst neu und frei entscheiden und dem Autopiloten die Stirn bieten. Du kannst all die Kommunikation neu entziffern, die auf euer *gemeinsames* Ziel einzahlt. Und mit dieser Rückendeckung mutig deinen neuen Weg gehen.

> *Probleme kann man niemals mit derselben Denkweise lösen, durch die sie entstanden sind.*
>
> ALBERT EINSTEIN

Neben dem Fakt, in eine Richtung zu blicken und einander zu verstehen, hilft es auch, nicht und eigentlich nie mit dem Offensichtlichen zu arbeiten. Es ist immer die Frage hinter der Frage, die entscheidend ist.

Nehmen wir das Klischeebeispiel schlechthin: die Zahnpastatube. Sie liegt offen auf dem Waschbeckenrand und wartet darauf, verschlossen zu werden. Jeden Tag aufs Neue. Oder der Klodeckel. Auch er möchte geschlossen den Tag verbringen. So jedenfalls die Sicht des einen Partners. Das kann doch auch wirklich nicht zu viel verlangt sein, oder? In Sekundenschnelle ist das erledigt. Daher macht es den einen Partner enorm wütend, wenn der andere Partner es einfach nicht schafft, diese Punkte umzusetzen. Ich will gar nicht wissen, zu wie vielen Scheidungen diese zwei Punkte schon geführt haben.

Selbiges gilt für zerknäulte Socken, ständig aufs Handy schauen, das falsche Essen beim Lieferservice für die Partnerin bestellen, immer wieder zu spät kommen, Jahrestage vergessen ... you name it.

Doch so weit muss es nicht kommen, wenn du das Anliegen *dahinter* verstehst. In den genannten Punkten und sicher auch in vielen anderen geht es um *Wertschätzung*. Eigentlich ganz simpel, oder? Wertschätzung. Gesehen zu werden. Das Wahrnehmen der Bedürfnisse des anderen.

Noch deutlicher wird es an dem Beispiel Geld. Früher brachte der Mann die Brötchen mit nach Hause. Bei uns übernehme ich das jetzt. Und das auch noch auf einem ganz anderen Niveau. Auf rationaler Ebene sollten sich alle so darüber freuen, dass unserer Familie auf einmal mehr Geld zur Verfügung steht. Keiner würde sich darüber ernsthaft beschweren. Doch der Autopilot, das, was dein Unterbewusstsein, ohne dass du es aktiv dazu befragen würdest, so von sich gibt, versteht an der Stelle keinen Spaß, und rational nicht erklärbar streitet man sich auf einmal. Über was bitte noch mal? Dass *eine andere Person* jetzt das Geld nach Hause bringt? *Zu viel* Geld nach Hause bringt? Das ist niemals der freie Wille.

DEINE NÄCHSTEN SCHRITTE ZUM ERFOLG: DIE FRAGE HINTER DER FRAGE

Was ist die Frage hinter der Frage? Nutzen wir den Verstand mal für uns. Autopilot aus – freier Wille an. Stell deinem Partner einfach mal objektiv die Frage, ob es für das zusätzliche Einkommen wirklich keine Verwendung gibt. Vielleicht wenigstens mehr spenden? Frage ihn, ob es wirklich eine Verbindung zwischen eurer Liebe füreinander und eurem Einkommen gibt. Du liebst deinen Mann nun auch nicht weniger, nur weil er weniger verdient, oder? Und andersrum – so ganz neutral betrachtet freut sich doch dein Partner sicher auch für seine Frau, dass sie so erfolgreich ist, oder? Nur so für sich genommen.

Ziemlich wahrscheinlich werdet ihr zu dem Ergebnis kommen, dass es objektiv nichts dagegen einzuwenden gibt. Was ist dann also die Frage, das Problem, die Unsicherheit, das Bedürfnis dahinter? Manchmal weiß es dein Gegenüber, manchmal ist sich der andere der Antworten selbst nicht bewusst. Aber der Anker »Wir wollen das Gleiche«, die Entscheidung für den freien Willen und nicht irgendeinen Autopiloten können dein Game Changer sein. Sich immer wieder zu fragen: »Was piekst mich da gerade so? Gibt es objektive Gründe dafür??«, Und darauf gemeinsam eine Antwort zu suchen, kann wahre Beziehungswunder wirken.

Natürlich, schonungslose Ehrlichkeit mit sich selbst ist nicht jedermanns Sache. Aber aller Anfang ist einfach – das weißt du ja mittlerweile. Von daher probier's doch einfach mal aus.

DEINE NÄCHSTEN SCHRITTE ZUM ERFOLG: SPRACHANALYSE

Unter www.millionaerinvonnebenan.de/buch-bonus findest du mehr zu Gary Chapman und den fünf Sprachen der Liebe. Und jetzt bist du beziehungsweise seid ihr dran:

- Welche Sprache(n) sprichst du?
- Welche Sprache(n) verstehst du bei deinem Partner?
- Welche Sprache(n) spricht dein Partner?
- Versteht dein Partner deine Sprache(n)?
- Woran kannst du die Sprache(n) deines Partners erkennen?
- Was landet zukünftig alles auf euer beider Liebes- und Dankbarkeitskonto?

Diese Fragen kann man sich übrigens auch wunderbar mit Eltern und Arbeitskollegen stellen oder eben mit allen Menschen, mit denen die Kommunikation bisher manchmal noch ein bisschen hakt.

4

MAMA SEIN NEU DENKEN

ODER: AN DER INNEREN BELASTUNGSGRENZE

In giving birth to our babies, we may find that we give birth to new possibilities within ourselves.

Myla und Jon Kabat-Zinn

Was steckt nicht alles in diesen vier Buchstaben: M A M A. Erwartungen, Emotionen. Liebe. Liebe zum eigenen Kind. Was tut man nicht alles dafür: Windeln wechseln, Schuhe zubinden, Brote schmieren, Bücher vorlesen. 5483 Momente am Tag, die einen wie Pattex zusammenschweißen. Manchmal sogar so sehr, dass man zum »Lieblingselternteil« avanciert. »Nein! Die Mama soll das machen! Die MAMAAAA!«

Kennt hier bestimmt niemand, der Kinder hat oder der Menschen kennt, die Kinder haben.

Dieses »Lieblingselternteil« wird dann eben für alles und jeden Moment gebraucht. Kein anderer kann die Dinge so gut wie die Mama. Das lässt sich bei manchen Kindern (wie bei unserem zweiten) übrigens auch auf den Papa übertragen. Und *wehe,* nicht dieses Elternteil, sondern das andere schneidet mal das Brötchen auf. Dann ist Alarm. Aber richtig.

Ich war dieses »Lieblingselternteil« für unseren Großen, als ich die Millionärin von nebenan wurde. Da Lukas bisher immer Vollzeit gearbeitet hatte, lag – rein zeitlich gesehen – der Großteil der Kinderbetreuung bei mir. Ich brachte die Kinder zur Tagesmutter und in den Kindergarten. Ich holte sie dort wieder ab. Wir verbrachten die Nachmittage zusammen. Mal auf dem Spielplatz. Mal auf Ausflügen. Mal zu Hause oder bei Freunden. Immer war ich an ihrer Seite. Das war mein fester Platz. Zwischendurch gab es mein Heilpraktiker-Business. Am Abend, wenn Lukas gegen 18 Uhr die Tür aufsperrte und in unser Familienleben eintauchte, war natürlich die Freude groß, sowohl bei den Kindern als auch bei mir. Der Abend konnte nun beginnen und der Tag so langsam ausklingen. Als Elternpaar konnten wir sehr gut mit dieser Aufteilung leben. Lukas besetzte die Rolle des Hauptverdieners und ich die der Mama mit viel Zeit für die Kinder und ein bisschen Arbeit nebenbei.

Das entsprach also unserer Zeitrechnung *vor* August 2018. Bevor ich mit meinem eigenen Business steil ging. Dann gab es die Stunde 0. Ab diesem Zeitraum gab es einen weiblichen Hauptverdiener in unserer Familie: mich. Und die Rollen wurden neu besetzt. Das geschah glücklicherweise sukzessive. Es begann mit der Arbeitsreduzierung von Lukas, ging über in die unbezahlte Elternzeit und endete im Aufhebungsvertrag.

Von Arbeitsreduzierung an war Lukas Kinderansprechpartner Nummer 1: Kinder in die Betreuung bringen und holen, mit ihnen spielen, Ausflüge unternehmen, Haus umbauen, Garten neu gestalten, Auto schrauben ... was drei Jungs eben so machen. Und so sehr ich mich darüber freute, dass wir alle viel mehr Zeit hatten – es machte etwas mit mir. Mit meinem Unterbewusstsein. Da kamen so Sachen hoch wie:

- Kinder brauchen ihre Mutter.
- Besonders Henri braucht mich. Hannes war ja schon immer mehr Papakind, aber Henri hing stets an mir.
- Später werfen sie mir vor, dass ich keine Zeit für sie hatte.

Einmal beobachtete ich die drei vom Fenster aus. Lukas wollte mit beiden wegfahren. Henri ließ sich allerdings grundsätzlich nur von mir anschnallen. Lukas schnallte erst Hannes an, und ich machte mich innerlich schon bereit, gleich gerufen zu werden, um Henri anzuschnallen. Aber auf einmal sah ich, wie Henri sich von Lukas anschnallen ließ, Lukas einstieg und mit beiden wegfuhr. Ich blieb am Fenster stehen. Allein. In einem ruhigen Haus. So wie ich es mir wochen- und monatelang davor immer wieder gewünscht hatte.

Und ich weinte.

Eigentlich hätte ich mich freuen können. Die Beziehung zwischen den Kindern und Lukas hatte sich noch mal mehr verbessert. Sie hatten den Spaß ihres Lebens. Der Papa macht viel coolere Sachen als die Mama. Meistens irgendwas mit Dreck und Wasser. Und ich konnte endlich konzentriert vorankommen.

Warum war ich nicht glücklich? Denn Fakt war: Ich war alles andere als glücklich. Ich war kreuzunglücklich. Ich fragte mich Dinge wie: Werde ich überhaupt noch gebraucht? Bin ich nur noch zum Geldverdienen da? Irgendwann heißt es sicher nur noch: »Der *Papa* soll das machen!!«

Ich erinnere mich an eine Freundin, auch selbstständig. Die zwei Kinder waren sehr oft bei der Oma. Sie fanden das super! Die Oma war der Star. So sehr, dass sie von den Kindern zur liebsten

Person gekürt wurde. An sich war auch alles perfekt, denn die Kinder waren glücklich. Bis alle zusammen auf einem Kindergartenfest waren und die Kids lieber bei der Oma auf dem Schoß sitzen wollten als bei der Mama. Man konnte das Mutterherz kilometerweit zerspringen hören. Damals dachte ich noch großspurig: »Tja, das kommt davon.« Und nun brach mein eigenes Mutterherz.

Dieses Bild flimmerte immer wieder vor meinen Augen auf. Mein Kopf zeigte sich hier sehr kreativ mit negativen Bildern und beschäftigte mich immer und immer wieder damit. Bis ich ihm das Stopp-Schild hin hielt und laut rief: »Warum stelle ich mich eigentlich infrage? Warum räume ich dem Vater unserer beiden Kinder nicht endlich auch einen Platz ein?«

Mein Bewusstsein arbeitete auf Hochtouren. Ich wollte meine Welle reiten. Meine Erfolge ausbauen. Schließlich stand uns noch so vieles bevor. Gleichzeitig hatten die Kinder den Spaß ihres Lebens mit dem Papa. Kein Wunder, denn der Papa war viel nachsichtiger als ich. Damit war die nächste Herausforderung geboren, die meinen Autopiloten zum Rotieren brachte. Halstücher bei 5 Grad? Überbewertet. Eis um 17 Uhr? Alles andere als überbewertet.

Das war eine taffe Zeit. Ich durfte viel an mir arbeiten. An meinen Glaubenssätzen zum Rollenbild einer Mama. Und daran, andere Herangehensweisen zu tolerieren. An den gesellschaftlichen Ansichten, wie eine Mutter zu sein hat – und wie ein Vater zu sein hat. Wen die Kinder angeblich mehr brauchen.

Wieso fühlte ich mich so furchtbar, wenn ich *einmal* die Woche erst um 17 Uhr nach Hause kam, wohingegen Lukas früher fünf Tage die Woche um 18 Uhr oder später nach Hause gekommen war und das völlig normal war? Warum bestand ich von nun an darauf, dass ich die Kids wenigstens ins Bett bringe, wenn ich schon tagsüber nicht die ganze Zeit da war? Natürlich *wollte* ich diese Kuschelzeit mit ihnen verbringen. Aber die ehrliche Antwort ist, dass ich auch etwas wiedergutmachen wollte. Dass ich mein schlechtes Gewissen beruhigen wollte.

Woher kommen nur diese unterschiedlichen Bewertungen und Ansichten zu uns als Mütter? Diese Erwartungen? Woher kommt dieses Rollenverständnis für uns Frauen, als Mütter immer verfügbar, ansprechbar, gut drauf, motiviert, liebevoll und in einem Paralleluniversum noch absolut erfolgreich, organisiert und zielstrebig zu sein? Plötzlich spürte ich, wie die gesamte kollektive, gesellschaftliche, kulturelle und familiäre Konditionierung mit aller Wucht an mir zog.

Was tat ich also? Ich sprach es an. Lukas und ich entschieden uns für ein klares Ja zur Neugestaltung unserer Rollen. Prägung und Konditionierung hin oder her. All die Glaubenssätze zu unseren Rollenbildern als Eltern durften gehen. Gehen und nicht wiederkommen. Wir wollten gedanklich *frei* wählen, welches Familienmodell wir letztendlich für uns in Betracht zogen.

Ich gab ich eine klare Bestellung beim Universum auf, dass ich ein Business haben wollte, was es mir erlaubte, weniger zu arbeiten und immer dann Zeit mit meiner Familie verbringen zu können, wenn ich das wollte.

Und ich widmete mich intensiv der Vergebungsarbeit mit mir selbst. Meinen hohen Ansprüchen an mich selbst. Mit meinem Perfektionismus. Mit meinem Egoismus. Mit meinen »Ich muss gebraucht werden, damit ich eine Daseinsberechtigung habe«-Glaubenssätzen.

Sich selbst zu lieben ist der Beginn einer lebenslangen Romanze.

Oscar Wilde

Stichwort Selbstliebe. Was für sich schon ganze Bücher füllt.

Ich wusste: Es muss doch noch etwas anderes geben, das mir das Gefühlt gibt, gebraucht zu werden und vor allem gewollt zu sein. Wenn ich mich selbst liebe, mit mir im Reinen bin, werde ich weniger auf der Suche nach Anerkennung und Liebe im Außen sein. Weil ich schon in mir alles habe. All die Probleme und Konflikte, die ich in und mit mir herumtrage, die mich beschäftigen und so viel Zeit und Energie kosten, kann ich auch wieder in mir lösen.

DEINE NÄCHSTEN SCHRITTE ZUM ERFOLG: ICH VERGEBE MIR

Um diese ganzen neuen Gefühle erstmal ordnen und loslassen zu können, half mir und hilft mir nach wie vor das hawaiianische Vergebungsritual *Ho'oponopono*. Die Wörter bedeuten Folgendes:

- »Ho'o« = etwas tun
- »pono« = etwas ausgleichen, korrigieren oder in Harmonie bringen

Die Verdopplung der Silben (ponopono) intensiviert das Ganze, bis hin zur »Vollkommenheit«.

Wenn du jemandem – auch deinem früheren Ich – nicht vergeben kannst, tut das dem anderen nicht weh. Den ganzen Schaden des Festhaltens tust du nur dir selbst an.

FREI NACH TYLER PERRY

Ich möchte dir vorstellen, wie *ich* das Vergebungsritual nutze – kurz und knapp und ohne Anspruch auf Vollständigkeit. Ich persönlich praktiziere das Ritual nicht nur in meinen Gedanken, sondern schreibe alle Sätze gern auf. Dies gibt mir selbst einen anderen Rahmen der Verbindlichkeit. Du wirst die Methode finden, die für dich – in welcher Form auch immer – stimmig ist.

Die vier Sätze der Vergebung lauten:

- *Es tut mir leid.*
  In diesem Satz liegt die Reue und die Einsicht eines Gefühls oder einer bestimmten Situation. Du erkennst, dass etwas nicht richtig oder falsch gelaufen ist. Es ist der Schlüssel für die Veränderung.
- *Bitte verzeih mir.*
  Die Bitte um Vergebung, eine aufrichtige Entschuldigung ist mit der Liebe die stärkste Kraft, die uns Menschen zur Verfügung steht. In der Vergebung liegen alle vom Universum gegebenen Tugenden wie Güte, Verständnis, Mut, Großherzigkeit, Stärke, Sanftmut und viele mehr.
- *Ich liebe dich.*
  In diesen drei Worten schwingen tiefe Dankbarkeit und Demut mit. »Ich liebe dich« muss nicht zwangsweise dieselbe Bedeutung haben, wie wir es in Beziehungen nutzen. Ich liebe mich. Ich liebe alle Beteiligten, und zwar für die Möglichkeit, weiter zu wachsen, zu heilen, zu lernen und freier zu werden. Und ich liebe das Universum, in das ich eingebunden bin.
- *Danke.*
  Das Wort »Danke« zeigt die Akzeptanz und das Erkennen, das Vergebung und Liebe möglich sind und in diesem Moment eintreten. Ich danke mir, ich danke allen Beteiligten und ich danke dem Universum.

Ich persönlich schreibe alle Sätze gerne immer auf und mache es nicht nur in meinen Gedanken. Es gibt mir selbst einen anderen Rahmen der Verbindlichkeit. Du wirst das finden, was für dich – in welcher Form auch immer – stimmig ist.

In meiner damaligen Situation schrieb ich also Folgendes:

»Lieber Henri, es tut mir leid, dass ich dich gebraucht habe, um das Gefühl zu bekommen, geliebt und gebraucht zu werden. Bitte verzeih mir, dass ich dir diese Last aufgebürdet habe. Ich nehme sie hiermit zurück und löse es bei mir. Ich liebe dich. Danke.«

»Lieber Lukas, es tut mir leid, dass ich immer sagte, du sollst mir dieses und jenes abnehmen, obwohl ich es aber eigentlich ›behalten‹ wollte, um gebraucht zu werden. Es tut mir leid, dass ich immer vorgeben wollte, wie es zu laufen hat. Damit ich wichtig bin und gebraucht werde. Und in meiner Komfortzone bleiben kann. Bitte verzeih mir, dass du es mir eigentlich gar nicht recht machen konntest. Ich liebe dich. Ich liebe uns. Danke.«

»Ich entschuldige mich bei mir selbst. Es tut mir leid, dass ich diesen unheimlich hohen Anspruch an mich selbst habe. Es tut mir leid, dass ich so hart mit mir selbst war. Es tut mir leid, dass ich mir all diese Verantwortung aufgebürdet habe. Bitte verzeih mir. Ich liebe dich. Ich liebe mich. Danke.«

Im Anschluss kannst du aufschreiben, wie du es wirklich gern haben willst. Wie du dich fühlen und was du denken willst. Ich habe beispielsweise aufgeschrieben, wie ich mich mit Lukas verstehe und wie glücklich und rundum mit Liebe zugeschüttet unsere Kids sind. Wie viel Zeit mir mein Business lässt. Wie einfach es gehen kann. Wie unkompliziert es sein kann. Frei von gesellschaftlichen Vorstellungen. Frei von Erfahrungen.

In Summe veränderte das sehr, sehr viel in unserer Familie. Wir wurden alle offener, flexibler und reicher – im Außen und besonders in uns.

EIN WORT NOCH ZU DIESEM KAPITEL

Jedes Familienmodell hat seine Berechtigung. Keins ist besser oder schlechter. Es geht mir nicht um Bewertung. Es geht darum, das zu finden, was man *selbst* wirklich *will*, wenn *alles möglich* wäre.

TEIL VI
MONEY-MINDSET

1
DIE GEBURT DER MILLIONÄRIN VON NEBENAN
ODER: DER ZWEITE START

Das Geheimnis des Erfolgs?
Anders sein als die anderen.

WOODY ALLEN

Ich lebte die Worte Woody Allens bereits, noch bevor ich das Zitat kannte. Also so richtig wortwörtlich. Mein Erfolg mit dem Thema »Wohlfühlkörper« trat auch deswegen so rasend schnell ein, weil für mich eins galt: Mach *alles,* was dein Coach dir sagt. Natürlich hatte ich noch meine eigene Meinung. Aber ich sah das so: Meine eigene Meinung hatte mich da hingebracht, wo ich vor dem Coaching stand. Was zwar durchaus nicht schlecht war, aber ich wollte ja etwas anderes! Daher genoss ich die gedankliche Abkürzung, die der Coach mir bot.

Den – aus meiner Perspektive – ersten wirklichen Widerspruch gab es bei mir im Februar 2019, auf dem Höhepunkt mit meinem Coaching zum »Wohlfühlkörper mit neuem Mindset«. Es gab keinen Anlass, auch nur eine Millisekunde darüber nachzudenken, etwas anderes zu tun. Ich liebte meinen Körper ganz neu. Sah mich mit anderen Augen. Gönnte mir die leckersten Sachen. Gewann Kunden wie irre. Und hatte dabei die einfachste Positionierung, das einfachste und Social-Media-tauglichste Thema ever: Ich durfte die besten Burger der Stadt bestellen, das leckerste Tiramisu beim Italiener testen oder auch köstliche, gesunde Salate als Vitaminbomben essen. Ich bestellte, fotografierte, aß, lud die Fotos hoch, schrieb einen kurzen Text dazu und schon kamen die Buchungen rein.

Unter uns: Ein bisschen mehr gehört natürlich schon dazu, aber kurz umrissen trifft es das ganz gut. Jeder in meiner Position hätte diese Welle noch ewig weiter geritten. Nur ich nicht: Ein Vierteljahrhundert drehte sich bei mir *alles* ums Essen, tagein, tagaus. Es war ein täglicher Kampf. Gut, ich gewann ihn schlussendlich mit großem Glockengeläut. Aber wollte ich mich die nächsten 25 Jahre wieder nur mit diesem einen Thema auseinandersetzen? Gut, das Thema stand nun unter einem anderen Stern. Doch ich hatte es irgendwann einfach satt. Ich wollte was Neues. Einen neuen Stern, nicht nur einen veränderten.

Coach bleiben und mit dem Thema Mindset weiterarbeiten wollte ich in jedem Fall. Das machte mir wirklich Spaß und es war wunderbar, mitanzusehen, was meine Arbeit für ein Game Changer bei jenen war, die mit mir gearbeitet hatten. Doch in welchem Bereich konnte ich Menschen ein Mehrwert sein? Was habe ich (noch) für mich gelöst, was für andere eine Abkürzung darstellen kann? Die Antwort kam nach ungefähr einer Millisekunde: Geld! Kundengewinnung! Wie geht das als ganz normale Frau: finanziell erfolgreich und Familie?

Hallo, du Schöne! Hallo, liebe Millionärin von nebenan.

Ich, die sparsame schwäbische Frau mit dem absoluten Sichtbarkeitszweifeln, die sich mit Heilpraktikerin einen Beruf gesucht hatte, in dem Geld verpönt ist, zieht von null an ein Onlinebusiness auf und nimmt innerhalb eines halben Jahres mal eben 700.000 Euro ein. *Jeder* wollte wissen, wie ich das schaffen konnte. Es war so unglaublich und gleichzeitig so greifbar. Weil *ich* so greifbar war. So greifbar wie die Frau von nebenan.

Das war sie dann also, die Geburtsstunde von »Millionärin von nebenan«. Ich wollte also dem Thema »mehr Geld, mehr Kunden« zu Leibe rücken und konzipierte ein Coaching zum »Money- und Business-Mindset«. In meiner bestehenden Facebook-Community tummelten sich regelmäßig 700 bis 800 Leute. Ich kommunizierte dort ganz offen, warum ich mein Angebot von nun an ändern würde. Natürlich fragte ich mich, ob sich die Gruppe auflösen und die Leute rausgehen würden? Doch mitnichten! Aus dem Wohlfühlkörper entwickelte sich der Wohlfühlgeldbeutel. Denn es lag in beiden Fällen dasselbe Gefühl dahinter: Ohne diese Sache fehlt etwas. Fast alle Gruppenmitglieder blieben da. Warum? Wahrscheinlich gab es da auch bei vielen ein Geldthema – denn mal ehrlich: Wer ist in Deutschland aufgewachsen und hat eine gute Beziehung zum Geld?

Auch folgende Themen beschäftigten meine Community: Wie traue ich mich, rauszugehen mit meinem Angebot? Wie vergleiche ich mich nicht mehr die ganze Zeit, sondern erkenne meinen persönlichen und individuellen Wert? Wie kommuniziere ich so, dass Menschen sich bei mir melden? Wie begeistere ich andere für meine Lösung? Wie transportiere ich den finanziellen Wert? Wie erkenne ich, dass Verkaufen an die richtigen Personen nur Vorteile hat? Wie habe ich Spaß dabei? Wie gehe ich positiv an alles ran? Wie kann es schneller und einfacher gehen als all die Konzepte, die irgendwie für niemanden funktionierten – schon gar nicht für Mütter mit kleinen Kindern?

All das waren Fragen, die ich mir selbst immer wieder gestellt hatte und die ich für mich gelöst hatte. Hinzu kam: Es waren Fragen, die ich auch schon zigmal gestellt bekommen hatte – von Coaching-Kollegen, von Freunden, Bekannten, sogar von Kunden mit dem Wohlfühlkörper-Thema. Ich wusste ja, wie es ging. Und ich wusste auch, was ich anders gemacht hatte als andere. Ich kannte die Probleme, ich kannte die Ängste – in all ihren Varianten. Ich wusste, wovon ich selbst noch mehr gebraucht hätte, was unbedingt noch dazugehörte. Und von jemandem zu lernen, der vor Kurzem noch in genau derselben Situation war wie man selbst es jetzt noch ist, der aber jetzt schon da ist, wo man selbst gern hinmöchte – das könnte definitiv gut werden!

Es war so, als hätten viele nur darauf gewartet, dass ich endlich Money- und Business-Coach werde und dieses »Geheimnis«, sich so schnell und so intensiv zu verwandeln, weitergebe.

2
WER IST HIER DER BOSS?
ODER: DEIN UNTERBEWUSSTSEIN HAT DAS SAGEN

Ob ein Mensch klug ist, erkennt man viel besser an seinen Fragen als an seinen Antworten.

PIERRE-MARC-GASTON DE LÉVIS

Ich nehme dich mal mit zu einer Tankstelle. Ich fahre mit meinem roten 911er-Porsche vor. Ich trage rote hohe Schuhe, roten Lippenstift und ein kurzes Louis-Vuitton-Kleid. Du stehst mit einem VW Passat, Skoda Octavia oder einem anderen bodenständigen Auto an der anderen Zapfsäule. Du siehst mich und dein Denken verselbstständigt sich:

1. »Sponsored by Hubby.«
2. »Oh, Gott, wie tief kann man sinken, dass man nur des Geldes wegen mit einem Mann zusammen ist?«
3. »Die wird noch einen anderen Preis zahlen, da bin ich mir sicher.«
4. »Auf gar keinem Fall hat die sich den selbst gekauft!«

Erwischt? Vielleicht ein kleines bisschen?

Falls ja: Genau das ist einer der Gründe, warum dein Konto aussieht, wie es aussieht. Warum du zwar gerne mehr Geld haben willst, aber nicht hast. Weil du Geld damit verbindest, dass man es nur haben kann, wenn man einen Gönner an seiner Seit hat. Dass es seinen Preis hat, wenn man so ein Auto fahren möchte. Dass man dafür etwas machen muss, was man eigentlich gar nicht will.

Natürlich läuft das alles unterbewusst. Dein freier Wille und jegliches bewusstes Denken sind hier nicht beteiligt. Das wäre viel zu anstrengend. Vereinfachen, kategorisieren, Bestehendes wiederholen – das ist viel einfacher und dein Unterbewusstsein springt hier nur allzu gern in die Bresche.

Wäre da nicht das Problem, dass deine 5 Prozent Bewusstsein natürlich etwas anderes wollen. Die gönnen. Die vergleichen nicht. Die erlauben sich mehr und bauen darauf, dass alles möglich ist. Die sagen: «Was steht da drüben an der Zapfsäule für eine tolle Frau in Rot? Mega. Das will ich auch.«

Das Bewusstsein will 10.000 Euro und mehr im Monat. Es will Selbstbewusstsein, Veränderung, Selbstbestimmung, finanzielle Freiheit. Es will den eigenen Kindern etwas anderes vorleben und mehr Möglichkeiten bieten. Es will Zeit für die Familie und Erfüllung im Beruf.

Dein Bewusstsein ist nur leider in der Unterzahl. 5 gegen 95. Daher kannst du dir ausrechnen, wer das Rennen schon seit Jahren für sich entscheidet.

Woher ich das alles so genau weiß? Weil mein Unterbewusstsein früher genauso gedacht hätte wie deines. Und mir bis heute immer wieder Vorurteile, Kategorisierungen und Bewertungen unterjubeln möchte. Wir sehen etwas, und sofort schießt der Autopilot des Unterbewusstseins mit vollen Kanonen sekündlich darauf. Für den freien Willen bleibt gar keine Zeit.

Stell dir das mal vor: »Liebes Gehirn, ich hätte da mal kurz eine Frage. Siehst du die junge Frau da drüben in dem roten Porsche? Was gibt es alles an Möglichkeiten, wie die zu diesem tollen Auto gekommen ist?« Und dann machst du es dir mit deinem Bewusstsein gemütlich und ihr erörtert gemeinsam alle negativen Varianten ebenso wie die positiven. Am Schluss macht ihr eine Gegenüberstellung und dann mal schauen, was sich am wahrscheinlichsten herauskristallisiert.

Lass mich kurz nachdenken? Ähm ... Nein.

So geht das nicht. Dafür hätte im wahrsten Sinne des Wortes niemand Zeit. Denn alles, was übers Bewusstsein geht, dauert länger und ist anstrengender. Weil es aktiv passieren muss. Dafür haben wir ja das Unterbewusstsein. Hier wiederholen wir bereits Erlerntes. Das geht passiv, schneller, einfacher.

Und unser Unterbewusstsein kläfft laut wie ein ganzes Rudel Straßenhunde, und zwar laut und vehement: »Also, für uns kommt das auf gar keinen Fall infrage, dass wir uns hochschlafen, uns aushalten lassen und Geld über die eigene Selbstbestimmung stellen. Dann lieber weniger. Lieber eine aufrichtige Beziehung. Lieber mehr Zeit für die Familie. Lieber Spaß und Erfüllung. Statt alles dem Geld unterzuordnen. Entweder oder. Schuster bleib bei deinen Leisten. Da ist es sicher. Viele Grüße, dein Unterbewusstsein.«

Die meisten Menschen leben in einer Illusion, die auf den Überzeugungen anderer beruht.

Jen Sincero

Beim Abnehmen läuft es im Übrigen auf das Gleiche hinaus. Da unterstellen wir den schlanken Leuten auch gern, dass sie dafür mindestens fünf Stunden auf dem Crosstrainer verbringen oder nur Salat essen und total oberflächlich daherkommen. Wo es doch auf die inneren Werte im Leben ankommt.

Merkst du etwas? Es ist überall das Gleiche in Grün. Wir rechtfertigen unseren eigenen Zustand, indem wir den anderen schlechtreden. Bei dem *muss* etwas falsch sein. Das *kann* gar nicht anders sein. Schön bequem, oder?

3
GLAUBENSSÄTZE ZU GELD
ODER: SO WIRD DAS NICHTS MIT HÜLLE UND FÜLLE

Geld beginnt im Kopf.

Stephanie Raiser

Lange begann Geld für mich genau auf zwei Weisen: Sparen oder arbeiten. Ich weiß noch, dass mir 2014 einmal ein Freund erzählt hat, dass er jetzt gerade in Immobilien investiert und sich generell mit Investments beschäftigt, weil er mit 53 aufhören will zu arbeiten. Wie bitte? So etwas hatte ich noch nie vorher gehört. Kennst du das Gefühl, wenn du einen Gedanken wirklich zum allerersten Mal in deinem Leben denkst? Wenn du auf einen wirklich völlig jungfräulichen Gedanken triffst? So ging es mir mit meinem Kumpel. Ich konnte es mir zu diesem Zeitpunkt nicht mal vorstellen, muss aber zugeben, dass ich den Gedanken schon irgendwie cool fand.

Die neuen Betrachtungsweisen zu Geld, die 2018 in mein Leben kamen, lösten ganze Feuerwerke in meinem Kopf aus. Eins nach dem anderen. Daher möchte ich hier gerne ein paar neue Perspektiven auf bestimmt altbekannte Sätze mit dir teilen.

Früher hätte ich immer gesagt, dass Geld mir nicht viel bedeutet. Ich wollte es schon haben – aber fürs Sparbuch. Schließlich war Sicherheit mein oberstes Gut. Sonst waren mir Geld, Statussymbole, Markenklamotten oder generell Markenprodukte nicht wichtig. Dass Geld nicht wichtig ist, sagen jedoch meistens die Menschen, die kein oder wenig oder zumindest Geld nicht im Überfluss besitzen. Warum? Um das eigene Einkommen, die eigene (mangelnde) Fähigkeit, viel Geld zu verdienen, zu rechtfertigen. Unbewusst versteht sich. So es ist es viel einfacher, sich mit den eigenen Glaubenssätzen nicht auseinandersetzen zu müssen und die eigene finanzielle Situation auf andere zu schieben (Chef, Politik, Eltern, Gesellschaft, Bildung et cetera).

Mehr noch – es ist nicht gut, viel Geld zu haben. Geld lässt Menschen über Leichen gehen und macht eh nur Probleme. Noch schlimmer – Geld verdirbt den Charakter. Heute sehe ich das ganz anders; das hatte ich in Kapitel IV, 5 »Das ganze Umfeld redet«, bereits angedeutet. Geld verdirbt niemals den Charakter. Es zeigt ihn. Ohne Geld kannst du einen schlechten Charakter vielleicht nicht so ausleben, weil du abhängig bist von deinem Arbeitgeber, Kunden et cetera. Dann kommst du irgendwie, irgendwo, irgendwann zu Geld und musst keine Konsequenzen mehr fürchten. Das kann den Anschein erwecken, das Geld hätte deinen Charakter verdorben. Aber eigentlich ist es so: Du warst vorher schon ein Depp, also bist du auch mit Geld ein Depp. Je mehr Geld, desto mehr Depp.

Wenn du auf der anderen Seite schon mit weniger Geld großzügig, mitfühlend und umsichtig warst, bleibst du das auch mit Geld. Wenn so eine Person wie du dann plötzlich 10 Millionen Euro zur Verfügung hat, bin ich mir sicher, dass ihr eine Menge Projekte und Möglichkeiten einfallen, was sie alles mit diesem Geld anstellen könnte.

Ein weiterer beliebter Glaubenssatz ist: »Mo' money, mo' problems.« Geld bringt nur Sorgen und Verantwortung mit sich und alles, was man hat, muss auch gepflegt werden. Außerdem steigt mit mehr Geld der Lebensstandard und dann hat man immer den Druck, noch mehr Geld verdienen zu müssen. Man ist also abhängig vom Geld.

Ich kann aus unserer Erfahrung nur sagen, dass ich mich, als wir noch nicht so viel Geld zur Verfügung hatten, wesentlich abhängiger vom Geld gefühlt habe. Ich habe es zwar nicht bewusst die ganze Zeit gefühlt, aber es war doch das Maß der Dinge in unserem Leben. Entscheidungskriterium Nummer 1. Steuerberater oder WISO? Supermarkt oder Wochenmarkt? Handwerker oder Eigenleistung? Heilpraktikerin oder Festanstellung? Mehr arbeiten und Bonus mitnehmen oder weniger arbeiten und dafür mehr Zeit für die Family?

Wer abhängig ist, kann weniger frei leben. Und ist damit beeinflussbarer. Geld schafft Freiheit – erst im Kopf, dann im Tun. Durch finanzielle Polster ergeben sich ganz neue Möglichkeiten, sei es ein Jobwechsel oder in Teilzeit oder auch ein paar Jahre gar nicht zu arbeiten. Auch eine Selbstständigkeit ist lange nicht mehr mit denselben Ängsten verbunden, wenn sie nicht funktionieren muss. Was wiederum eine sehr gute Basis für Erfolg ist. Wenn etwas bereits aus der finanziellen Fülle heraus gegründet wird, liegt der Fokus viel mehr auf dem Kunden als auf dem Geldverdienen. Das mögen Kunden wiederum und bezahlen das auch gerne.

Denke hier immer an Sein – Tun – Haben. Finanzielle Fülle beginnt im Kopf. Nicht auf dem Konto (Haben – Tun – Sein).

Ein weiterer sehr spannender Glaubenssatz: Geld überlässt man lieber den Leuten, die sich damit »auskennen«. Selbst Aktien kaufen? Also, meine Eltern hatten Telekom-Aktien. Ich auch.

Ich habe die 20.000 Mark von meiner Oma in Telekom-Aktien investiert. Kurze Zeit später war alles weg. Wie wahrscheinlich bei über der Hälfte der Deutschen. Und damit war das Thema Aktie und eigene Geldanlage für immer verbrannte Asche. Stattdessen wurde in die private Rentenversicherung, in Bausparverträge, in die Hausbank oder auf dem klassischen Sparkonto angelegt – bei Letzterem frisst zwar die Inflation das meiste Geld, aber das ist nicht so schlimm, als wenn es nachher komplett weg ist. Sicherheit vor Freiheit. Sicherheit ebenfalls als Entscheidungskriterium Nummer 1. Meine Mutter redet mir bis heute noch gut zu, dass ich bitte bloß nichts mit Aktien machen soll. Dass ich das wirklich den Profis überlassen sollte. Spannend eigentlich, wo dieses unerschütterte Vertrauen in die Finanz- und Versicherungsindustrie herkommt. Ob das frei gewählt ist?

Kombiniert mit dem Satz »Geld kommt nur durch harte Arbeit« wird relativ schnell klar, dass wir es alle nicht wirklich gelernt haben, smart statt hart zu arbeiten.

Schauen wir uns doch mal schlaue Glaubenssätze in Bezug auf Geld an: Was du im Kopf hast, das kann dir keiner nehmen. Dein Money-Mindset. Geld zu haben beginnt im Kopf. Wenn du das einmal verstanden hast, wirst du es immer (wieder) schaffen, dir etwas Großes zu erschaffen. Selbst der Profi zu sein.

Als Zweites gehört für mich dazu: Ich bin zwar die beste Person, um mich um mein Geld zu kümmern. Aber ich bin nicht die einzige Person, die es vermehren kann. Das kann Geld nämlich auch wunderbar von allein. Denn: Wo Geld ist, geht Geld hin. Diesen Satz kann ich mittlerweile zu 100 Prozent unterschreiben. Früher habe ich ihn mit Neid ausgesprochen. Mit Verachten den Geldgierigen gegenüber. Heute weiß ich, dass es nicht die Geldgier ist, die Geld vermehrt, sondern das andere Denken, das völlig neue Möglichkeiten hervorruft. Geld kommt zu denen, die sich Zeit dafür nehmen, es wertzuschätzen. Und zu den Menschen, die Möglichkeiten und Mut leben statt Probleme und Angst.

> *Der Zinseszinseffekt ist das achte Weltwunder und die größte Erfindung des menschlichen Denkens.*
>
> Albert Einstein

Einer der größten Denkfehler, den ich nie gesehen hatte und der mir durch die Gesellschaft vermittelt wurde, ist, Geld hauptsächlich als Mittel des Konsums zu verstehen. Oder als Mittel für Sicherheit. Es ist mir nie aufgefallen, dass das viel zu kurz gedacht ist.

> *Es ist unser Leben, das wir verschwenden. Denn wenn wir etwas kaufen, bezahlen wir nicht mit Geld. Wir bezahlen mit unserer Lebenszeit, die wir aufwenden mussten, um dieses Geld zu verdienen.*
>
> Jose Mujica

Wir bezahlen nicht mit Geld. Wir bezahlen mit unserer Lebenszeit, die wir aufwenden mussten, um dieses Geld zu verdienen. Leider hat es viel zu lange gedauert, bis ich das begriffen habe.

Menschen mit Geld wissen, dass Zeit ein Gut ist, dessen Ablauf sie nicht beeinflussen können. Das Einzige, was du machen kannst, ist, deine begrenzte Zeit so effektiv wie möglich zu gestalten. Du kannst dir Freizeit und schöne Momente kaufen. Du kannst dir die Zeit anderer kaufen und sie dabei unterstützen, mehr von dem zu machen, was sie wiederum glücklich macht. Am besten für Dinge, die du nicht so gut kannst. Oder auch nicht so gerne machst. Aber diese andere Person.

Es gibt viele Aufgaben, die Menschen mit Geld nicht selbst machen, sondern sie von anderen machen lassen. Sie schaffen so Win-win-Situationen. Weil die andere Person im besten Fall ihre Zeit daraufhin auch umso effektiver einsetzt. Da Geld im Kopf beginnt, machen Menschen mit einem guten Money-Mindset das schon, bevor das Geld da ist. Sie leben mutig und sehen Möglichkeiten. Damit schließt sich der Kreis. Deshalb ist es so wichtig, erst in Humankapital, also das eigene Mindset zu investieren. Um dann die besten Entscheidungen für und mit dem eigenen Geld zu treffen. Und alles dazwischen kompensieren zu können.

Das Problem am achten Weltwunder, dem Zinseszinseffekt, ist, dass es einen Moment braucht, bis er eintritt. Einen Moment der Geduld. Der Kontinuität. Des Lernens. Des Wachsens. Des Übens und des Besserwerdens.

Resources are never the problem.
It's a lack of resourcefulness why you failed.

TONY ROBBINS

Ressourcen (Geld, Zeit, Unterstützung et cetera) sind nie der Grund, warum etwas nicht geht. Es ist der Mangel an Kreativität, an Einfallsreichtum (Resourcefulness), an Mut, weshalb du bisher gescheitert bist. Ich liebe diesen Satz von Tony Robbins. Er bringt mich immer wieder in die hundertprozentige Eigenverantwortung.

DEINE NÄCHSTEN SCHRITTE ZUM ERFOLG

Mach dir eine Liste mit deinen Glaubenssätzen zu Geld. Eine Möglichkeit, diese Glaubenssätze aufzulösen, ist, sie durchzugehen, beziehungsweise sie so lange zu löchern, bis sie sich auflösen.

Hinterfrage jeden dieser Glaubenssätze mit den folgenden Fragen:

1. Stimmt das wirklich? Ist das wirklich wahr?
2. Ist das wirklich immer so? Gilt das für jeden?
3. Wie wäre mein Leben ohne diesen Glaubenssatz?

Ein Anwendungsbeispiel findest du unter www.millionaerinvon-nebenan.de/buch-bonus

4
GELD ALLEIN MACHT AUCH NICHT GLÜCKLICH
ODER: ES WIRD ZEIT, ZU ENTKOPPELN

Geld allein macht nicht glücklich.
Es gehören auch noch Aktien, Gold und Grundstücke dazu.

DANNY KAYE

Geld kann wirklich glücklich machen, wenn man es dringend braucht und dann bekommt. Aber wer durch immer mehr Geld glücklicher werden will, wird ebenso enttäuscht wie der, der die Freude des Durstlöschens steigern will, indem er immer weiter trinkt.

PETER HOHL

Im Dezember 2018 bin ich in ein richtiges Loch gefallen. Eine der ersten Aufgaben in der Mindset-Arbeit war, meine Vision davon aufzuschreiben, wie ich bin, wenn ich reich bin. Um mich zu motivieren. Um ein *klares* Bild davon zu bekommen, wohin die Reise gehen soll. Was der gute Universumsbote mir liefern darf.

Für mich stand fest: Wenn ich genügend Geld habe, dann bin ich die entspannteste Mama ever. Warum das für mich feststand, weiß ich heute gar nicht mehr. Was hat das eine rational bitte mit dem anderen zu tun? Gar nichts. Mir war das leider nicht klar und ich hatte *fest* verankert, dass ich die glücklichste und zufriedenste und entspannteste Person auf der ganzen Welt bin, wenn ich erst Geld habe.

Insbesondere der letzte Punkt, eine entspannte Mama zu sein, der packte mich. Immer und immer wieder. Für mich stand es irgendwie von Anfang an fest: Wenn ich mehr Geld in mein Leben ziehe, dann wird sich das auf jeden Fall auf meine Beziehung zu den Kindern auswirken. Schließlich würde ich dann keinerlei Sorgen mehr haben. Und außerdem mehr Zeit. Was sollte mich dann schließlich noch stressen? Die ganze innere und äußere Arbeit sollte sich im wahrsten Sinne des Wortes auszahlen. Auch gegenüber meinen Liebsten. Das tat es auch.

Darüber hinaus lernte ich das Gesetz der Anziehung auch für den Umgang mit unseren Kindern zu nutzen. Eine großartige Erfahrung. Wenn die Kinder bei Schnupfen während des Spielens nur noch »Meine Nase ist gesund! Meine Nase ist gesund!« vor sich hinsagen. Oder dich völlig irritiert anschauen, wenn du ihnen sagst, dass sie dir zu schwer sind und du sie nicht mehr tragen kannst: »Mama!! Du musst dir immer sagen ›Du schaffst das! Dann schaffst du das auch, mich zu tragen!‹« Aha.

Alles war also im Fluss. Besonders das Geld. Meine Vision schien mehr und mehr wahr zu werden. Bis mich der Blitz völlig unerwartet traf. Der Blitz hieß Henri und schlug nach dem Abholen aus dem Kindergarten ein: Henri war todmüde vom langen Kindergartentag. Und ich leider an diesem Tag extrem dünnhäutig. Ihr ahnt was kommt. Eine wunderbar explosive Mischung. Und so kam es, dass ich die Emotionen von diesem kleinen Menschen nicht so abfangen konnte, wie ich es mir gewünscht hätte, als er mich lauthals wissen ließ, dass er nur fernsehen oder Süßigkeiten will. Was beides keine Option war.

Völlig überrascht von mir selbst und ohne es bewusst kontrollieren zu können, reagierte ich sauer, harsch und eben nicht sehr verständnisvoll.

Eine Sekunde später fiel es mir wie Schuppen von den Augen und ich war wie schockgefroren. Es fühlte sich an, als wenn jemand ein Messer in mein Herz rammt, es umdreht und Salz und Zitrone hineinreibt. Mein ganzes Visionskartenhaus brach zusammen. Die ganzen letzten Monate trug mich diese Vision. *Wenn* ich mehr Geld habe, *dann* bin ich eine entspannte Mama. Ich assoziierte mit Geld mannigfaltige Lösungen in allen Lebensbereichen. Daher auch die Vorstellung, dass ich *dann* immer entspannt sein müsste. Wenn man nicht entspannt ist, wenn genügend Geld da ist – wann bitte dann?

Warum ging meine Rechnung nicht auf? Bisher lagen die Gründe für mein Unglück stets im Außen, in den Umständen. An meinem Körper, an meiner Arbeit, am Geld. Jetzt waren alle Gründe im Außen weg – und mein Leben, ja *ich* war immer noch nicht perfekt.

In diesem Moment vor dem Kindergarten machte sich ein merkwürdiges Gefühl in mir breit. Eine tiefe Traurigkeit. Ich dachte: »Wenn ich *jetzt* noch nicht glücklich und entspannt bin, dann wird es *nie* kommen.«

Diese völlige Hilflosigkeit und Orientierungslosigkeit, wie ich dieses Glück erlangen könnte, konnte ich fast nicht ertragen. Das ist übrigens das Gegenteil von: Sein. Tun. Haben.

Ich höre natürlich von ganz vielen Leuten den Vorwand »Geld allein macht auch nicht glücklich« als Rechtfertigung dafür, keinen zusätzlichen Cent zu erstreben. Dieser Standardsatz hilft auch wunderbar dabei, in der eigenen Komfortzone zu bleiben und dort zu versauern. Lieber den crappy Job behalten, anstatt sich anzustrengen, um den nächsten Schritt zu gehen. Lieber den Finger auf andere richten, als auf die vier Finger zu achten, die in dem Moment auf einen selbst zeigen.

Ja, es stimmt. Geld allein macht nicht glücklich. Ich habe dieses Luxusproblem für dich getestet und viele andere Millionäre, die ich kenne, auch.

Es stimmt auch, dass Geld nur bedingt Einfluss auf deinen inneren Seelenfrieden hat. Zumindest nicht dauerhaft. Die Fähigkeit, dich glücklich und entspannt zu fühlen, ist entkoppelt von Geld. Sich glücklich zu fühlen, ist etwas, was nur *in dir* entstehen kann.

Geld macht nicht glücklich, ebenso wenig wie Armut.

Unbekannt

Was allerdings *auch* nicht stimmt, ist, dass es deswegen keinen Sinn macht, so viel Geld wie möglich einzunehmen. Geld besitzt das Potenzial, dir viele Sorgen im Alltag zu nehmen, beispielsweise die Sorge um die monatlichen Ausgaben wie Miete und Strom oder die Sorge um den Wocheneinkauf oder die neuen Winterschuhe für die ganze Familie. Krankenversicherung, Gehälter auszahlen, Schulgeld – es gibt tausend Sachen, die ohne Geld nicht funktionieren.

Geld ist zudem ein Zeitgewinner. Die Steuer macht der Steuerberater, den Garten der Gärtner, den Haushalt schmeißt die Haushaltsfee. Bleibt viel mehr Zeit für mich, meine Familie und Freunde. Und die Arbeit, in der *ich* am besten bin. Die *mir* am meisten Spaß bereitet. In der *ich* am meisten Mehrwert stifte. Das schafft nicht nur die wunderbare Situation, dass jeder mehr von dem machen kann, was ihm Spaß macht, sondern es füllt auch das Zeitkonto enorm.

Geld erhöht deinen Wirkungskreis. Mit mehr Geld kannst du mehr Menschen erreichen. Mit mehr Geld hast du den Kopf freier – für alles, was dir wichtig ist.

Es ist an der Zeit, Geld *wirklich* vom Glücklichsein, von der Liebe, von Gesundheit oder sonstigen Werten zu entkoppeln. Dann gibt es auch keinen Grund mehr, weniger Geld zu haben.

5

DEN SELBSTWERT KENNEN

ODER: 10.000 EURO FÜR 15 MINUTEN

Willst du dich deines Wertes freuen, so musst der Welt du Wert verleihen.

JOHANN WOLFGANG GOETHE

Ein US-amerikanischer Paketdienstleister bekam einmal sehr eindringlich eine Vorführung zum Thema Selbstwert. Es ging dabei um den Selbstwert eines Mechanikers. Aufgrund eines unerklärlichen Defekts standen auf einmal die kilometerlangen Bänder des Paketdienstes still. Die blanke Katastrophe für ein Unternehmen, das täglich zwölf Millionen Sendungen in Amerika verschickt. Ein Stillstand bedeutet umgerechnet über 130.000 US-Dollar Verlust – pro Minute. (Für alle zum Nachrechnen: Der Paketdienstleister hat einen Jahresumsatz von knapp 72 Milliarden US-Dollar: 365 Tage : 24 Stunden : 60 Minuten = 136.986 US-Dollar.) Da geht's also schon um was.

Nun aber standen die Bänder still, und es ging nichts mehr. Ein Fachmann wurde gerufen. Der schaute sich das 15 Minuten sehr genau an, zog eine Schraube mit einem Materialwert von

1 US-Dollar aus der Tasche, tauschte alt gegen neu und schon liefen die Bänder wieder. Ein Jubelschrei hallte durch die Hallen. Es konnte also weitergehen.

Die Rechnung vom Fachmann ließ nicht lange auf sich warten: 10.000 US-Dollar.

»Ähm, Sie waren 15 Minuten da und haben eine Schraube im Wert von 1 US-Dollar eingesetzt! Selbst bei einem richtig guten Stundenlohn und Fahrzeit komme ich nicht auf mehr als 500 US-Dollar!« So oder so ähnlich die Worte des Rechnungsempfängers.

Der Mechaniker nahm sich die Zeit und schlüsselte ihm die Rechnung auf:

- 100 US-Dollar Anfahrt und Zeitaufwand
- 1 US-Dollar Materialwert
- 9.899 US-Dollar für das Wissen, einem Unternehmen, das in 60 Sekunden über 130.000 US-Dollar durchfeuert, in 15 Minuten mit einer einzigen Schraube helfen zu können

Noch Fragen?

Wenn du deinen Wert kennst, musst du ihn nicht schätzen lassen.

UNBEKANNT

Was lehrt uns diese Geschichte? Was will sie uns sagen? Das Thema Selbstwert ist an zwei Dinge gekoppelt:

1. Dein Fachwissen, deine Betreuung, deine Aufmerksamkeit: Das alles bietet deinem Gegenüber einen Mehrwert, eine Abkürzung, einen Vorteil.

2. Dein Money- und Verkaufs-Mindset. Genauer gesagt, wie viel Geld erlaubst du dir anzunehmen? Oder hast du Angst, dass andere dann weniger haben? Ist Verkaufen etwas Negatives oder schafft es eine Win-win-Situation?

Zu Punkt 1: Bist du dir dessen bewusst, dass all dein Können gepaart mit deinen privaten und beruflichen Erfahrungen für andere eine extreme Abkürzung darstellen kann? Dass es für anderen nicht normal ist, was du locker aus dem Ärmel schüttelst? Dass Dinge, über die du nicht mal nachdenken musst, ja die dir sogar Spaß machen, andere an den Rand der Verzweiflung bringen und sie dafür jahrelang üben müssten? Dass es sie Zeit und Nerven kosten würde und sie es doch nicht so hinbekommen würden wie du?

Hierzu eine kleine Anekdote: Lukas sagt zwar, dass diese Geschichte unter keinen Umständen wahr sein kann, aber darum geht es an dieser Stelle auch nicht. Es geht um das Bild. Nach dem Zweiten Weltkrieg erreichte die russische Armee Berlin. Diese Armee stammte aus allen Teilen Russlands, auch aus den Teilen, die quasi nichts an materiellen Besitzgütern besaßen. Für die Menschen dort war es beispielsweise die Entdeckung schlechthin, dass man in Berlin einen Wasserhahn aufdrehen konnte und daraus warmes Wasser floss. Was taten sie also? Sie montierten die Hähne ab, nahmen sie mit zurück nach Russland, steckten sie in der Heimat in die Wand, drehten den Hahn auf und es passierte – nichts.

Was ich damit sagen will: Nur weil etwas leicht und einfach aussieht, ist es nicht immer nur das Offensichtliche, was auf den Preis oder das Gehalt einzahlt. Das ist für die meisten Menschen – und auch bis heute teilweise für mich – die größte Herausforderung. Ihren eigenen Wert zu fühlen. Alles, was dazu gehört. Alles, was dahintersteckt.

Viele Menschen gehen an ihren eigenen Wert völlig falsch heran. Sie fragen sich: Wie soll ich einer Leistung, die mir Spaß macht und die mir leichtfällt, einen »teuren« Wert geben? Ist das nicht unverschämt?

Zu Punkt 2: Ich selbst bin mit meinem Preis gewachsen. Von 80 Euro pro Stunde als Heilpraktikerin verkaufte ich mein erstes Coaching-*Programm* für 1.750 Euro. Und ich dachte, ich sterbe! Für mich war das damals unfassbar viel Geld. Mein damaliges Mindset, mein damaliger Denkrahmen ächzte an allen Ecken und Enden.

Doch mit dem *Sein* (der Mindset-Arbeit) und mit dem *Tun* (den Skills, die erlernte, und dadurch, dass ich einfach mal machte und nicht immer so viel dachte) wuchs mein Selbstbewusstsein durch die vielen positiven Erfahrungen. Und mit meinem Selbstbewusstsein wuchs schließlich auch mein Selbstwert. Und damit meine Preise. Das funktioniert *nur*, wenn du *immer* im Kopf hast, dass ein Kauf oder ein Verkauf eine Win-win-Situation schafft. Das erste *Win* gehört deinem Kunden. Allein mit dieser Energie rufst du direkt eine ganz andere Zahlungsbereitschaft hervor.

Darüber hinaus glaube ich nicht daran, dass Geld eine begrenzte Ressource ist. Es fühlt sich zwar so an, weil es uns lange genug gesagt wurde. Und deswegen fühlt es sich so an, als würde ich – bei erfolgreichem Verkauf – mehr haben und der andere weniger. Nimm doch einfach mal das nachfolgende Beispiel und grüble ein bisschen darüber nach: Der Anteil an Sauerstoff auf unserer Erde ist begrenzt (genauso wie Geld). Kannst du jetzt jemandem Sauerstoff wegnehmen, indem du mehr atmest als andere? Der Unterschied ist: Sauerstoff ist objektiv begrenzt.

Subjektiv nicht. Geld ist auch objektiv begrenzt. Besonders ist es aber subjektiv begrenzt.

Selbstwert ist also eine grandiose Mischung aus vier Dingen:

- Ein Gefühl oder einen Wert für sich selbst und die eigene Kompetenz zu bekommen.
- Die unverzichtbare Fähigkeit, diesen Wert anderen transportieren zu können (Stichwort Kundengewinnung).
- Sich selbst als »genug« zu deklarieren.
- Im Fokus zu haben, dass der andere von der Zusammenarbeit genauso profitiert wie man selbst und dass dem anderen dadurch nichts fehlt, sondern er vielmehr etwas dazugewinnt, was weit über den Preis hinausgeht.

DEINE NÄCHSTEN SCHRITTE ZUM ERFOLG

- Wie viel ist deine Arbeit wert? Wie viel ist deine Abkürzung wert?
- Notiere dir einmal, wie viel Geld du bereits in dein Wissen, in deine Entwicklung, in den Bereich, in dem du anderen eine Unterstützung und eine Abkürzung bist, investiert hast? Beispielsweise durch Coachings, Kurse, Fortbildungen, Bücher und so weiter.
- Rechne nun noch die Zeit hinzu. Die Zeit, in der du geübt und dein Wissen perfektioniert hast.

Selbst wenn du dir einen »normalen« Stundenlohn gibst, wirst du höchstwahrscheinlich auf eine beachtliche Summe kommen, die dir hoffentlich die Augen öffnet für deinen Wert.

TEIL VII
KUNDEN-GEWINNUNG – VERKAUFEN MIT WIN-WIN

1
JEDER VERKAUFT. STÄNDIG.
ODER: WARUM FRAUEN DIE GEBORENEN VERKÄUFER SIND

Verkaufen ist absolute Glückssache, denn nur glückliche Verkäufer haben glückliche Kunden.

Alfred Selacher

Verkaufen – mein absolutes Lieblingsthema. Mittlerweile. Und lustigerweise *das* Angstthema bei ganz, ganz vielen anderen Menschen. Was natürlich *ungünstig* ist, wenn man sich selbstständig machen will, weil du dich da permanent verkaufen darfst. Selbst im Angestelltenverhältnis verkaufst du dich: wenn du dich bewirbst, bei jedem Gehaltsgespräch, gegenüber anderen Mitarbeitern, bei Präsentationen und so weiter. Niemand von uns kommt um das Thema »Verkaufen« herum. Egal, ob du als Dienstleister an den Start gehst, physische Produkte oder deine Arbeitsleistung verkaufst: In dem Moment, in dem du Kontakt zu anderen Menschen hast, kaufen die Leute *dich*. Dich ganz persönlich. Deine Energie.

Als Heilpraktikerin war mir das noch nicht bewusst: Ich hatte nicht gelernt, wie man Kunden, ja Menschen gewinnt. Das hat mir niemand in all den Jahren beigebracht. Weder in der Schule noch im Studium noch in all den Instituten, in denen ich mich alternativmedizinisch weitergebildet hatte. Natürlich konnte ich Marketing-orientiert denken. Allerdings musste ich lernen, dass es noch *lange* keine Garantie für Einnahmen ist, Marketing zu beherrschen. Von klassischem Vertrieb mal ganz zu schweigen. Das hat für mich nur relativ wenig mit der Kundengewinnung zu tun. Das Schlimmste ist, dass fachliche Kompetenz noch am allerwenigsten ausreicht, finanziell erfolgreich zu werden. Zu bleiben vielleicht. Aber nicht zu werden. Ebenso wenig reicht fachliche Kompetenz aus. Selbstverständlich konnte ich auch betriebswirtschaftlich denken. Nur haben wir alle gelernt, dass hier der Fokus auf der *Reduktion von Ausgaben* und nicht auf der gewünschten *Maximierung von Einnahmen* durch Kundengewinnung liegt. Ein absoluter Game Changer, wenn sich das Mindset zu diesem Satz verändert hat.

Denn der Witz an der Sache ist, dass man die Ausgaben nur bis zu einem gewissen Punkt reduzieren kann, um genau zu sein: bis null. Dann ist Feierabend. Aber die Einnahmen kann ich bis ins Unendliche hochschrauben. Nur kriegt man das eben so nicht in der Schule oder an Universitäten beigebracht. Das bekommt man nirgends beigebracht. Und selbst wenn: Wer würde das denn lehren? Verbeamtete Lehrer und Professoren, also die Berufsgruppe, die mit 3.500 Euro den sichersten Job aller Zeiten ausgewählt hat? Könnten sie mir eine Abkürzung anbieten, wie ich meine Einnahmen maximiere? Auf 10.000 Euro im Monat? 100.000 Euro? 1 Million und mehr? Waren sie die Experten auf dem Gebiet der Kundengewinnung? Im Verkaufen? Das geht überhaupt nicht gegen Lehrer, im Gegenteil: Es ist schade, dass dieser wertvolle und prägende Beruf ausgerechnet zu diesem wertvollen und prägenden Thema nicht wirklich viel aus eigener Erfahrung beitragen kann.

Auch klassische Verkaufs- oder Vertriebsseminare sind aus meiner Sicht nicht interessenten- und kundenorientiert. Dort wird vertrieben und verkauft. Beides mag ich – aus Sicht eines Kunden – nicht. Sollte es nicht lieber *Kundengewinnung* statt *Verkaufen/Vertrieb* heißen? Wie *gewinne*, wie *begeistere* ich Kunden für mich und mein Angebot?

So, und nun stelle ich dir als Mutter einmal eine rhetorische Frage, die dich überraschen wird: Ist dir bewusst, dass du eigentlich schon perfekt verkaufen kannst? Mütter sind die geborenen Verkäufer! Bist du überrascht? Nun, meine Mutter wollte es zunächst auch nicht glauben, als ich ihr diese Erkenntnis habe zukommen lassen. Es war im Jahr 2019, als meine Mama und ich nach New York geflogen sind. Mein Papa war einen Monat vorher gestorben. Meine Eltern liebten New York, aber sie hatten es nie geschafft, Billy Joel noch einmal live im Madison Square Garden zu erleben. Also bin ich mit meiner Mutter geflogen. Zum Geburtstag von meinem Papa. Mit meinem Papa als Regenbogen dabei. Das war etwas, das ohne meine Millionärin-von-nebenan-Reise nie möglich gewesen wäre, weder vom Geld noch von der Vorstellungskraft her.

Eines Nachmittags bummelten wir durch verschiedene Geschäfte und ich erzählte meiner Mutter, dass eigentlich jeder verkaufen kann. Und auch jeder ständig verkauft.

Woraufhin meine Mama sagte: »I kann ned verkaufa. Des isch ned meins. Andre Leud s'Glomb uffschwedza.«

Ich: »Ja Mama … is klar.«

Nachdem sie sich eine Viertelstunde allein umgesehen hatte, kam sie mit einer Handtasche zu mir: »Du, i han mor die Handdasch kaufd. Die isch dodal subr. Die wär au ebbes für di. Weisch, die hadd son Griff zom ind Hand nehma ond oin zom Umhänga. Un än Reißverschluss. Dass niemond ebbs klaua koa. Subr brakdisch. Die isch au so groß, da gohd dei Labdob nei.«

Ich grinste: »Aha.«

Mama: »Die isch zwar ned billig, aber a subr Preis-Leischdungs-Verhäldnis. Die isch schtabil un gud verarbeided. Da gibt mer auch gern a Geld aus.«

Sie strahlte mich an! Hatte mir alles voller Begeisterung vorgeführt, und sie hatte ihre Sache gut gemacht: Ich fand die Tasche echt klasse! »Gekauft!« sozusagen.

Ich: »1a verkauft, Mama! Vielleicht ist ›Verkaufen‹ ja doch was für dich.«

Mama: »Des isch ja koi verkaufa.«

Ich: »Ja, is klar.«

Sie hatte mir die Tasche wirklich 1a verkauft. Wie ging das? Denn sie war ja der felsenfesten Überzeugung (und ist es bis heute), dass sie nicht verkaufen *kann* und dass sie verkaufen hasst. Wie meine Mama verkaufst *du* auch ständig – deinen Kindern, den Spinat zu den Nudeln, der direkt in die Muskeln geht, damit sie morgen noch schneller rennen können. Das Zähneputzen, damit die Zahncremehelden endlich Karius und Baktus in die Flucht schlagen. Der befreundeten Mama den Kinderwagen, der sich mit einer Hand superklein zusammenklappen lässt und der allein schon deswegen die 700 Euro locker wert war. Dazu kommen begeisterte und ausführliche Kaufempfehlungen bei Freunden und Familie für Bücher, Kurse, Urlaube, Autos, Handys, Uhren und Restaurants.

Du teilst dein Wissen voller Begeisterung, willst andere daran teilhaben lassen und schaffst so auf der anderen Seite ebenso großartige Momente, die durchaus auch mit Geldausgeben verbunden sind. Wie viele Leute ich schon an meine Heilpraktikerschule empfohlen habe – und die kostet um die 5.000 Euro. Solche Dinge sind kein Problem. Wenn *du* voll begeistert von etwas bist, dein Gegenüber dir vertraut, dann wird auch gekauft. Du hast dein Gegenüber für deine Empfehlung *begeistert*. Es geht dir nicht um dich – es geht um dein Gegenüber. Es geht dir darum, dass dein Gegenüber auch diese ganzen Vorteile hat, die du hast.

Warum fällt es uns so leicht, *für andere* zu verkaufen? Aber nicht für sich selbst? Ein Grund ist: Du willst auf gar keinen Fall als geldgierig gelten! Es darf auf gar keinen Fall auch nur den Anschein machen, dass du die Empfehlung nur des Geldes wegen aussprichst. Deswegen sagen wir das auch immer noch mal gerne dazu »Ich habe da auch keine Aktien drin.« oder »Ich werde nicht dafür bezahlt, das zu sagen.«

Und nun frage ich dich: Was wäre, wenn doch? Was passiert, wenn *du* der Zahlungsempfänger bist? Was passiert, wenn du jemandem etwas verkaufst und Geld dafür bekommst? Meistens steckt mangelndes Selbstvertrauen dahinter: »Ich bin nicht gut genug. Wenn jemand bei mir kauft – dann muss ich auch liefern. Dann bin ich verantwortlich. Was ist, wenn ich doch nicht so gut bin? Was, wenn ich es doch nicht kann? Was, wenn der andere dann sauer auf mich ist? Es für ihn doch nicht so gut passt?« Ich habe Angst, dass die Person dann denkt, man habe es nur des Geldes wegen empfohlen. Unser Kopf liefert ein Worst-Case-Szenario nach dem anderen.

All das könnte aber übrigens auch zutreffen, wenn du *nicht* der Zahlungsempfänger bist. Aber irgendwie macht uns unser

Kopf weis: Wenn kein Geld geflossen ist, dann bist *du* auch für nichts verantwortlich.

Nun frage ich dich: Wie viele Gedanken hast du dir schon darüber gemacht, dass deine Empfehlung, dich oder bei dir zu kaufen, richtig, richtig gut werden kann? Wie oft hast du dir schon ausgemalt, dass daraus für alle Beteiligten eine Win-win-Situation wird?

2
GLAUBENSSÄTZE ZUM THEMA VERKAUFEN
ODER: ZEIT FÜR EINEN PERSPEKTIVENWECHSEL

Allein schon das Wort »verkaufen« ist mir unsympathisch. Und mit dieser Einstellung bin ich in den meisten Fällen nicht allein.

Anfang November 2018 hatte ich – wieder einmal – einen »lauten« Tag. Der innere Kritiker in meinem Kopf war mal wieder richtig laut und die Selbstzweifel gefühlt übermächtig. Ich lag auf dem Bett und versuchte, einfach nur zu atmen. In meinem Kopf spielten die Glaubenssätze Pingpong.

Lukas kam rein, fragte, was los sei, und hat sich wahrscheinlich nur gedacht »Oh, nein, schon wieder ein Wachstumsschub. Warum kann diese Frau sich nicht einfach freuen über das, was ist, und fünf gerade sein lassen?«

Das war bis dato tatsächlich noch nicht meine Stärke. Plötzlich setzte ich mich auf und sagte »Wir fahren jetzt zu Porsche! Ich will einen Porsche Probe fahren!« Lukas: »Ähm, wir haben gar keinen Termin. Die kennen uns nicht. Und um 14 Uhr müssen wir Hannes holen. Jetzt ist es 5 vor 12!«

Ich: »Stimmt – es ist 5 vor 12. Im wahrsten Sinne des Wortes. Los jetzt!«

Also fuhren wir zum Porschezentrum unserer Stadt.

»Hallo, wir würden gerne eine Porsche Probe fahren.«

»Sind sie schon Kunde bei uns?«

»Nein.«

»Moment bitte.«

Alle Büros waren aus Glas. Ich schaute mich um und entdeckte direkt den typischen Autoverkäufer. Haare zurückgegelt, rosa-weiß-gestreiftes Hemd, Solariumbräune, Ken-Lächeln. Mein Autopilot war aktiv.

Bitte liebes Universum – nicht den!! BITTE!

Das Universum war gnädig mit uns. Wir kamen zu dem Herrn nebendran, der erstmal ganz »normal« aussah. Herr K. Wir nahmen Platz – er hinter seinem Schreibtisch, wir davor. Er zurückgelehnt. *Richtig* zurückgelehnt. Herrlich – das war mir auch schon direkt mal unsympathisch. Mein Autopilot zu Verkaufen lehnte sich ebenfalls mehr und mehr zurück und war sich sicher, dass ich in meiner Komfortzone bleiben würde.

Ich erzählte Herrn K., dass wir Porsche-Fans sind, dass wir nun endlich die finanziellen Mittel hätten, uns einen Porsche zu kaufen und daher gerne einmal einen Probe fahren würden.

Herr K. machte keine Anstalten, sich gerade hinzusetzen. Außerdem reagierte er grundsätzlich nur, wenn Lukas sprach. Mein Blutdruck stieg.

Entschuldigung! Ja, ich bin eine Frau. Ja, ich bin noch relativ jung (für eine Porsche-Interessentin). Ja, ich bin blond und sehe auch noch ganz gut aus. Und ich bezahle das Auto mit meinem Geld! Beweg dich gefälligst nach vorne in deinem Stuhl! Kein Wunder, dass die ganze Welt Vorurteile gegenüber Verkaufen hegt, wenn man solche »Vorbilder« hat.

Lukas fing an, von seiner Arbeit als Testfahrer bei einem Automobilzulieferer zu erzählen und dass er diverse Porschemodelle schon lange vor Serienreife gefahren sei. Langsam bewegte sich Herr K. in eine aufrechte Position. Er bewegte sich sogar langsam nach vorne als Lukas weitererzählte und immer mehr einwob, wie finanziell erfolgreich seine Frau ist. Dass er zwar die Fachkenntnisse hätte, seine Frau aber das Geld.

Hallöchen, ich bin auch da. Schön, dass ich jetzt auch wahrgenommen werde.

Eigentlich war ich bis dahin schon geladen und hatte keine Lust mehr. Als in diesem Moment endlich der echte Herr K. durchkam und die Rolle des Verkäufers zurückwich.

Endlich nahm das Ding Form an. Und so machte es auch Spaß.

Mittlerweile kennen Herr K. und ich uns sehr gut und er ist der sympathischste Autoverkäufer, den man sich vorstellen kann. Locker, fachkompetent in jeglicher Hinsicht und sehr herzlich. Sozusagen ein »Porscheverkäufer von nebenan«.

Das Bild, das der Großteil von uns Verkäufern hat, ist negativ. Durch und durch. Und wie Verkaufen früher gehandhabt wurde, auch völlig zurecht. Eigentlich sollte man meinen, es sei mittlerweile angekommen, dass Menschen, die von uns kaufen, *Kunden* und nicht nur *Käufer* sind. Aber an vielen Stellen wird immer noch »die alte Schule« gelehrt. Hast du »The Wolf of Wallstreet« gesehen? Der Film soll zu 80 Prozent der Wahrheit entsprechen und damit wird *mir* zu 100 Prozent schlecht. Besonders als Frau.

Da wir aber mittlerweile alle wissen, dass wir mehr von dem anziehen, worauf wir Energie geben, ist es ziemlich clever, unser altes Bild jetzt hinter uns zu lassen und ein neues Bild vom Verkäufer zu erschaffen. Ein Bild, das eine Win-win-Situation schafft. Hinzu kommt: Nicht nur das Bild des Verkäufers ist negativ besetzt, sondern auch das des Verkaufens an sich. Von daher lass uns doch einmal auf die typischen Vorwände schauen und ein paar neue Perspektiven reinbringen.

Der Interessent schaut nur aufs Geld und will nicht (in sich) investieren.
Wenn das *tatsächlich* so ist, dann ist diese Person schlicht und ergreifend nicht der für dich passende Interessent. Ich persönlich bin zum Beispiel kein Angel-Fan. Nichts gegen Angeln – es ist nur einfach nicht mein Ding. Von daher wäre ich tatsächlich nicht bereit, mein Geld in Produkte oder Dienstleistungen zum Thema Angeln zu investieren. Da könnte mir der beste Verkäufer mit dem Angebot des Jahrhunderts gegenüberstehen. Ich würde auch keine 100 Euro für eine 10.000-Euro-Angelausrüstung ausgeben, weil in meinem Fall bereits 100 Euro verschwendetes Geld wären. (Den Fall, dass wir es weiterverkaufen könnten, lassen wir jetzt mal außen vor.) Das bedeutet, wenn ich wirklich nicht bereit bin, zu investieren, dann weil deine Lösung nicht zu meinem Problem, meinen Zielen passt. In *allen* anderen Fällen ist es in der Regel ein Fehler in der Kommunikation. Das bedeutet, dass deinem Interessenten nicht klar ist, was *dir* klar ist. Nämlich der *(Mehr-)Wert* deiner Arbeit.

Und ganz ehrlich: In diesem Fall würden wir an seiner Stelle auch nicht investieren wollen.

Die meisten Anbieter arbeiten dann mit Argumenten, Features, Qualifikationen, Zertifikaten, mit Rabatten, Draufgaben und Dreingaben – und wundern sich, warum trotzdem niemand kauft. Oder man das Gefühl hat, dass man sich um Kopf und Kragen redet. Das liegt daran, weil du als Anbieter damit zu 100 Prozent an den Bedürfnissen des Interessenten vorbeikommunizierst. Weil du als Anbieter dir *nicht bewusst* bist, was die *wahre Kaufmotivation* deines Interessenten ist. Weil du (noch) keinen Blick für die *dahinterliegenden Beweggründe* deines Gegenübers hast.

> *Nur was ankommt, ist kommuniziert.*
>
> Reinhard Mika Steiner

Der Interessent checkt doch sofort, dass ich was verkaufen will.
Da stecken ganz schön viele negative Vorannahmen drin. Ich schlüssele sie einmal für dich auf:

1. Der Kunde hätte einen Nachteil durch den Kauf.
2. Es wäre schlimm für ihn, wenn er Geld gegen den Kauf tauschen würde.
3. Und damit die Vorannahme, dass der Kunde wenig Geld hat und dies dringend für andere Dinge benötigt.

Du weißt mittlerweile, dass deine Gedanken deine Realität beeinflussen, daher auch an dieser Stelle die kleine Erinnerung, neue, positive Gedanken dazu zu finden.

Schauen wir näher hin: Wenn Punkt 1 wahr wäre, würde es bedeuten, dass du keine Win-win-Situation schaffen kannst. Wenn dieser Punkt wahr wäre, dann solltest du tatsächlich kein Angebot machen. Daher meine Gegenfrage – ist es wirklich wahr? Immer? Für jeden? Wenn ja, überarbeite dein Angebot. Wenn nein – finde die Menschen, denen du ein Mehrwert bist und schließe Punkt 1 damit aus.

Zu Punkt 2: Jeder von uns tauscht ständig Geld gegen Lösung. Wenn Punkt 1 also erfüllt ist und das Angebot passt, hat es für den Kunden eher einen Vorteil als einen Nachteil. Denn der Interessent würde dann zwar sein Geld behalten – aber eben auch sein Problem.

Zu Punkt 3: Die ersten Fragen wären wieder: Ist das wahr? Und gilt das für jeden? Darüber hinaus dürfen wir *alle* umdenken zu Geld und dass Geld nicht Entscheidungsfaktor Nummer 1 ist. Dieser Part beginnt bei *dir*. Zum einen, weil *du* dann automatisch früher oder später andere Menschen und Interessenten anziehen wirst. Zum anderen, weil in der Regel tatsächlich Geld da *ist*. Geld, das aktuell verwendet wird für Urlaub, Handys, Hobbies, Maniküre et cetera. Da ist der *Wert* schon klar und daher wird hier gerne investiert. Jetzt ist es *an dir*, deinen Vorteil zu kommunizieren. Deinen *Wert* klar zu machen. Und es ist an dir, *dein* Denken über Kundengewinnung zu verändern.

Ich hasse es, übers Telefon zu verkaufen. Das ist so aufdringlich. Niemand will angerufen werden.
Bei dem Satz wäre ich früher die Allererste gewesen, die »Stimmt!« gerufen hätte. Und ich würde auch zustimmen, dass es einfach auch keine so richtig coole Idee ist, jemanden »kalt« anzurufen. Ich will nicht sagen, dass es gar nichts bringt, aber Effizienz definiert sich anders.

Gehen wir aber mal davon aus, dass du und dein Interessent euch kennt. Dass ihr bereits Kontakt hattet. Beispielsweise über Social Media. Dann ist ein Telefongespräch viel besser als eine E-Mail oder jegliche schriftliche Korrespondenz. Warum? Weil viel mehr Sinne bedient werden und du ein viel besseres Gefühl für dein Gegenüber bekommst. Weil du besser reagieren und dich auf dein Gegenüber einlassen kannst. Wenn *du* dir *sicher* bist, dass dein Angebot gut ist, wird es positiv von dir ausgesendet und kommt damit genauso positiv beim anderen an.

Wenn du allerdings beim Lesen schon Schweißausbrüche bekommst, darf an dieser Stelle bei dir erst noch mehr Mindset-Arbeit stattfinden, bis du diese Sicherheit und die ganzen Punkte davor auch wirklich verinnerlicht hast.

Der Markt ist einfach eng geworden.
Diese Betrachtungsweise ist Nonsens. Es ist immer nur eng für Leute, die kein ausreichend gutes Produkt und/oder kein gutes Selbstwertgefühl haben. Im ersten Fall ist es völlig gerechtfertigt, dass es sich eng anfühlt, weil es dann an der Zeit ist, nachzulegen, dein Produkt zu verbessern und dir damit wieder Luft zu verschaffen. Beim fehlenden Selbstwert kannst du jederzeit selbst nachlegen – und dir damit ebenfalls wieder Luft verschaffen. Lies dir hierzu noch mal Kapitel III,9, »The Infinite Game«, durch. Damit erledigt sich jegliches Konkurrenzdenken.

Es gibt andere, die sind günstiger.
Natürlich. Das gibt es immer. Und das ist okay. Es gibt für jedes Preisniveau die passende Kundschaft. Es liegt an *dir*, erstens die Menschen zu finden, für die deine Lösung ideal ist. Und zweitens, diesen Menschen deinen Wert *zu kommunizieren*. Sie so zu begeistern, wie du es bist. Kommuniziert ist das, was ankommt.

Der Gedanke zeigt allerdings auch, dass Geld bei *dir* noch Entscheidungskriterium Nummer 1 ist. Dass *du* an vielen Stellen noch nach dem Preis entscheidest. Dass *du* lieber Zeit statt Geld investierst. Dass *du* Angst hast, Geld könnte nie wiederkommen. Dass du *Sicherheit bezüglich Geld* an erste Stelle stellst.

Und dass du dementsprechend mehr Menschen in dein Leben ziehst, die das genauso machen. Erinnere dich: Es fängt beim *Sein* an, nicht beim *Tun*.

Es gibt andere, die sind besser.
Besser in Bezug auf was? Sind sie wirklich besser? Oder nur anders? In ganz vielen Bereichen setzen wir Bewertungskriterien an, in denen wir schlechter abschneiden, und nehmen das als Rechtfertigung, dass wir nicht Vollgas geben. Nehmen wir das Stichwort »Erfahrung«. Es mag stimmen, dass du in einem bestimmten Bereich nicht so viel Erfahrung hast wie jemand anders. Dann such nach anderen Bewertungskriterien, nach solchen, in denen du besser bist, etwa persönliche Betreuung. Wenn jemand viel Erfahrung hat, hat er wahrscheinlich auch viele Kunden und kann die mittlerweile vielleicht nicht mehr alle persönlich betreuen. Das könnte dein Vorteil sein. Stell diesen heraus. Deine einzige Aufgabe ist es, entweder schon von Anfang an Menschen zu finden, die persönliche Betreuung einen Ticken wichtiger einschätzen als Erfahrung, oder dem Rest diesen Vorteil klarzumachen. Es sind immer genügend Kunden für alle da. Versuch nicht, für alle da zu sein, sondern fokussier dich auf die, denen du jetzt optimal helfen kannst.

Ich will niemanden zu einer Entscheidung drängen.
Auch diesen Satz hätte ich früher sofort unterschrieben. Irgendwann erkannte ich allerdings, dass ein »Nein« eine völlig legitime Antwort ist. Wir haben Angst vor einem Nein und zögern deswegen eine Entscheidung hinaus. Aber mit einem Nein kannst du super arbeiten! Entweder gibt es dir die Möglichkeit, noch mal eine Schleife zu drehen und herauszufinden, was zu dem Nein geführt hat. So hast du die Chance, für diesen Kunden oder sogar insgesamt besser zu werden und zu lernen. Oder du weißt, dass du dich auf diese Person mit diesem Angebot nicht mehr fokussieren musst, und es wird Zeit und Raum frei für Menschen, auf die es besser passt. Auch das ist letztlich eine Win-win-Situation.

Ich will niemandem etwas aufschwatzen.
Das sollst du auch nicht! Um Himmels willen! Du sollst eine Bedarfsanalyse machen. Wenn es passt, dann machst du ein Angebot. Wenn nicht, dann nicht.

Wenn du jemanden zu einem Ja drängst, kannst du ein Mal kurzfristig Geld mit dieser Person machen. Das ist richtig. Das kann jeder mit Druck und Verkaufspsychologie erreichen.

Für mich sollte das Ziel sein, nicht etwas zu verkaufen (ein Mal Geld einnehmen), sondern einen Kunden zu gewinnen. Jemand, der immer wieder bei mir kauft. Jemand, der mich weiterempfiehlt. Jemand, der damit das Potenzial hat, mir nicht nur ein Mal Einnahmen zu bringen, sondern viele Male. Weil er zufrieden ist. Eine wahre Win-win-Situation also.

Du sollst also niemandem, der nicht passt, etwas aufschwatzen. Aber du darfst gleichzeitig an den Menschen dranbleiben, die eigentlich wollen, aber denen du deinen Wert noch nicht klar genug kommuniziert hast.

> *Man kann ohne Liebe Holz hacken, Ziegel formen, Eisen schmieden. Aber man kann nicht ohne Liebe mit Menschen umgehen.*
>
> Leo Tolstoi

Der Interessent denkt, ich hab's nötig, wenn ich anrufe oder gar nachfasse.
Spannend. Es ist schon irre, was unser Kopf da so verknüpft hat, oder? Dieser Glaubenssatz basiert auf der Annahme, dass zwischen dem Kunden und dem Anbietenden keine wirkliche Beziehung besteht. Dass nur der eine Nutznießer ist. Dass es keine Begegnung auf Augenhöhe ist, von der beide profitieren können und sollen. Und er basiert auf der Annahme, dass es zu wenige Abnehmer für dein Produkt geben könnte. Dass du

dich nicht (mehr) melden würdest, wenn du irgendwann viele Kunden hast. Wenn das so wäre, dann gäbe es bei allen großen Firmen keinen Customer Support mehr und auch keine Kommunikation mit Interessenten.

Der Punkt ist: Nur du weißt, wie viele (oder wenige) Kunden du gerade hast. Nur du weißt, ob du deinen Interessenten aus dem Mangel und der Bedürftigkeit heraus kontaktierst oder weil dir Beziehung wichtig ist. Weil dir der andere wichtig ist. Genau dieses Gefühl gilt es zu verinnerlichen und zu vermitteln. Dann kippt dieser Glaubenssatz von ganz allein.

DEINE NÄCHSTEN SCHRITTE ZUM ERFOLG

Kundengewinnung ist für sich allein mit bestimmt genauso vielen Glaubenssätzen belegt wie Geld. Daher ließen sich zu einer neuen Sichtweise sicherlich sogar mehrere Bücher schreiben.

Bitte wende daher für deine Glaubenssätze zu Verkaufen dieselben Werkzeuge an wie zu Geld. Besonders gut funktioniert hier die Übung aus »Glaubenssätze zu Geld« mit den folgenden Fragen:

- Stimmt das wirklich? Ist das wirklich wahr?
- Ist das wirklich immer so? Gilt das für jeden?
- Wie wäre mein Leben ohne diesen Glaubenssatz?

Wenn du mehr zum Thema Kundengewinnung wissen willst, und wie sie sympathisch, aufrichtig und effektiv möglich ist, findest du weitere Informationen dazu unter www.millionaerinvonnebenan.de/buch-bonus

3

DAS ERSTE WIN GEHÖRT DEM KUNDEN

ODER: BIST DU DIE RICHTIGE FÜR MICH?

I am not buying what you are selling.

UNBEKANNT

Da ich in meinen Coaching-Programmen vorwiegend Frauen anspreche und bei nahezu *allen* sofort die Scheuklappen hochgehen, wenn ich nur das Wort »verkaufen« erwähne, rede ich mittlerweile ganz bewusst nur noch von Kundengewinnung. Ich kann es auch verstehen. Ich dachte früher selbst: Die Kunden wissen doch genau, was sie wollen. Sie kommen rein, schauen und kaufen, wenn es passt. Sie wollen aber definitiv nicht angesprochen werden.

Beim Wort »verkaufen« haben viele Menschen oft den im vorherigen Kapitel ausführlich beschriebenen »schmierigen Verkäufer im Nadelstreifenanzug« im Kopf. Wir glauben, dass die uns nur ein Produkt verkaufen wollen, das man gar nicht möchte, geschweige denn braucht. Dass es ihnen nur um die Provision geht. Und dass ich mit meinen Bedürfnissen da überhaupt keine Rolle spiele.

Und weil du dieses Verhalten unweigerlich an Verkaufen geknüpft hast, verkaufst du heute lieber gar nicht, obwohl du niemals von selbst auf so eine Herangehensweise gekommen wärst.

Aber sicher ist sicher, das heißt wenn dann nur ganz zurückhaltend und am besten lieber gar nicht.

Du siehst erneut: Verkaufen ist negativ geprägt. Wenn nicht von Erfahrungen in deiner eigenen Familie, dann sicherlich gesellschaftlich und kulturell im deutschsprachigen Raum.

Ich möchte dir einmal ein Beispiel an die Hand geben, das dir hoffentlich hilft, das Thema Verkaufen von einer neuen Seite zu betrachten: der Inuk im Wintermodengeschäft. Mit unserer alten Betrachtungsweise von Verkaufen läuft der Besuch des Inuks so ab: Ein Inuk betritt mein Wintermodengeschäft. Im T-Shirt. Bei mir springt das Kopfkino an: »Inuit leben im hohen Norden bei Eiseskälte. Er hat also Bedarf an meinem Angebot. Das ist offensichtlich. Aber er wird ja sicher schon einen Wintermantel zu Hause haben. Wahrscheinlich befindet er sich gerade im Urlaub und braucht nur eine billige Jacke oder einen dicken Pullover. Ich lasse ihn lieber in Ruhe. Wenn er was braucht, wird er sich schon melden. Ich könnte ihn natürlich jetzt beraten, aber am Ende denkt er noch, ich will ihm etwas aufschwatzen. Nein, lieber nicht.«

Wie kriegt man nun die Kuh vom Eis? Genau: Mit einer richtig guten Bedarfsanalyse.

Mit deiner neuen Betrachtungsweise von Verkaufen spielt sich also Folgendes ab: Du bist selbstbewusst und sprichst den Inuk an. »Lieber Inuk, was brauchst du von mir? Eine Badehose, weil du morgen nach Mallorca fliegst? Bademode gibt es im Geschäft eine Tür weiter. Ah, du fliegst morgen zurück in die Arktis und möchtest dich komplett neu einkleiden. Du brauchst eine warme Jacke? Prima, hast du auch an ein Paar neue Handschuhe gedacht? Die kann man nämlich wunderbar dranknöpfen. Oder die passende Wintermütze im selben hochwertigen Material?« So geht es weiter.

Wofür bist du bekannt? Für Self-Service? Oder für Beratung? Wenn du ein erklärungsintensives Angebot hast, dann macht eine Bedarfsanalyse durchaus Sinn.

Der Inuk ist *freiwillig* in dein Geschäft gekommen, das heißt, die Wahrscheinlichkeit, dass er mehr erfahren möchte, ist ziemlich hoch. Mit gezielten Fragen findest du gekonnt heraus, ob die Person bei dir richtig ist oder nicht. Falls sie es *nicht* ist, kannst du eine tolle Empfehlung aussprechen, und der Interessent wird dich positiv in Erinnerung behalten und vielleicht anderen weiterempfehlen. Falls er doch bei dir richtig ist, lass uns genauer hinschauen, denn jetzt hast du die Chance, eine Win-win-Situation zu kreieren.

Das *erste* Win gehört dem Kunden. Es geht also darum, dass dein Gegenüber *ganz sicher* einen Vorteil durch eure Zusammenarbeit hat, in welcher Form auch immer. Warum ist das das Wichtigste? Weil es immer um viel mehr geht als das *eine* Geschäft, das du machst. Wenn die erste Zusammenarbeit gut ist, dann kaufen Kunden immer wieder, sind loyal und kaufen auch Angebote links und rechts von ihrem ursprünglichen Kauf. Mehr noch: Sie empfehlen dich sogar weiter.

Das *zweite* Win gehört dir. Das Geld. Und damit die Möglichkeit, von deiner Arbeit leben zu können. Sie noch ganz lange ausüben und ausbauen zu können. Und es ist vollkommen legitim, dass du dich darüber freust. Als Zweites.

Denn *niemand* will deine Miete zahlen oder dein Visionboard wahr machen mit seinem Geld. Es kauft auch niemand aus Mitleid. Geld darf daher nie das *erste* Win sein.

Aber es ist sicherlich für jeden okay, dass es das *zweite* Win gibt und dass dieses *dir* gilt – solange das *erste* deinem Kunden gehört.

Entscheidend bei diesem Gedankenspiel ist die Frage nach der *Intention.* Mit welcher Intention bist du an die Sache herangegangen? Wolltest du den Inuk bestmöglich beraten, nachdem du erfahren hast, was er wirklich braucht? Oder wolltest du nur die nächste Winterjacke verkaufen, um deine Zielerreichung zu komplettieren, und der eigentliche Bedarf war dir egal? Dein Gegenüber spürt den Unterschied sehr genau. Um ganz deutlich zu sein: Er spürt ihn 10 Kilometer gegen den Wind.

Menschen wollen nichts *verkauft* bekommen. Aber sie wollen sehr gerne etwas *kaufen.*

Wenn du nun aber deinem Gegenüber aus Angst, der andere könnte denken, es ging dir nur um das zweite Win (ums Geld), das erste Win *nicht* anbietest (also kein Angebot machst), führt das zu einer Lose-lose-Situation.

Die Person behält zwar ihr Geld, aber auch ihr Problem. Und du bekommst nicht den Auftrag und kannst daher vielleicht deine Selbstständigkeit nicht dauerhaft weiterführen. Oder nur nebenher.

Wenn du angestellt bist, dann bekommst du nun nicht die Beförderung oder das neue Projekt, obwohl du eigentlich perfekt dafür geeignet bist. Und dein Chef muss weiter nach der perfekten Besetzung suchen.

Du bist dir nicht sicher, ob du perfekt als Lösung geeignet bist? Es beginnt mit Sein – Tun – Haben. Mit deinem Selbstwert. Mit deinem Fokus auf den Best Case. Erst dann fangen wir mit der Kundengewinnung an.

4
ANZIEHENDE KOMMUNIKATION
ODER: DIE BRÜCKE ZWISCHEN UNSEREN KÖPFEN

Information ist keine Kommunikation.

Georg-Wilhelm Exler

Wenn du deinen eigenen Wert erkannt hast, geht es darum, diesen zu *monetisieren*. Das bedeutet deine Abkürzung, deinen Mehrwert auch tatsächlich in Geld umzuwandeln. Dafür brauchst du die Fähigkeit der anziehenden Kommunikation. Denn wenn du deinen Wert nicht transportieren kannst, dann nützt dir auch diese neu gewonnene Selbsterkenntnis nichts.

Mit anziehender Kommunikation schaffst du es, diesen Wert, den du hast und den dein Angebot hat, zu transportieren. Eine kommunikative Brücke zwischen deinem Kopf und dem deines Gegenübers zu schlagen. Dein Gegenüber muss deinen Mehrwert genauso *erkennen und fühlen*, wie *du* ihn kennst und fühlst.

Du möchtest, dass dein Chef *versteht*, warum du den vollen Bonus verdient hast. Du möchtest, dass dein Interessent *versteht*, dass *du* die Abkürzung bist und dass er, wenn er nicht kauft, zwar sein Geld, aber eben auch sein Problem behält.

Es gibt zig Beispiele für anziehende Kommunikation. Ich möchte dir im Folgenden einmal zwei Arten, ein Angebot zu kommunizieren, gegenüberstellen. Nehmen wir an, du hättest ein Gewichtsproblem. Welcher der beiden folgenden Text schlägt eine stärkere Brücke zu dir?

Variante A: »All unsere Coaches und Trainer sind optimal ausgebildet. 10 Prozent unserer Einnahmen spenden wir an das nächste Kinderhaus in deiner Umgebung. Unsere Kunden bekommen jede Woche einen individuellen Trainings- und Ernährungsplan mit leckeren Rezepten. Das Fitnesstraining findet online in wöchentlichen Videokonferenzen statt, selbstverständlich datenverschlüsselt. Dabei legen wir Wert auf die neusten Methoden und wissenschaftlichen Erkenntnisse, auch zu deinem Denken und deiner Einstellung zu Essen. Deine Mahlzeiten kannst du jederzeit schnell und unkompliziert mit unserer App tracken. Die Motivation und die Bedürfnisse unserer Kunden stehen bei uns jederzeit im Vordergrund. Nimm gerne Kontakt mit uns auf, wenn du mehr wissen willst. Jetzt ist deine Zeit. Dieses Mal wird es anders. Mit uns an deiner Seite schaffst du das.«

Variante B: »Kennst du das? Du weißt, dass du nicht abgenommen hast, doch egal. Du *musst* dich wiegen. Gleichzeitig sagt dir dein Kopf schon die ganze Zeit, dass es wieder nicht geklappt hat. Egal, die Hoffnung stirbt zuletzt. Du spürst es allerdings schon, denn: Nichts sitzt weiter. Du kannst deinen Bauch regelrecht fühlen. Eigentlich bist du jetzt schon genervt. Aber vielleicht hast du ja doch wenigstens ein paar Hundert Gramm abgenommen? Du kratzt an der 70-Kilo-Marke und wenn jetzt gleich die 69 vorne steht, dann flippst du offiziell aus! Du ziehst alles aus. Alles. Keine Socken. Keine Unterwäsche. Du willst kein Risiko eingehen. Und dann: 71,1 Kilogramm. Was? Warum? Vielleicht steht die Waage nicht richtig ... noch mal ... Kein anderes Ergebnis. Das kann einfach nicht sein.

Der Tag ist gelaufen. Schon morgens. Wie schon seit Jahren ... und jetzt rufen die Kinder und wollen irgendwas von dir. Ausgerechnet jetzt.

Und? Kommt dir bekannt vor, oder?! Mir auch. Ganz schön lange sogar. Um genau zu sein 25 Jahre. Seit ich 12 Jahre alt war, war das mein Alltag. Immer wieder habe ich Pläne und Trainings versucht. Nichts hat geklappt. Bis ich es irgendwann mal kapiert habe – das wird nie klappen. Und dass es Wahnsinn ist, dasselbe in Grün, Blau, Gelb oder Rot immer und immer wieder zu versuchen. Bis ich angefangen habe, *mich* zu ändern – statt weiterhin vergeblich mein Essen zu ändern.

Was dann passiert ist, ist für dich heute vielleicht noch so unglaublich wie es damals auch für mich war. Die Kurzfassung ist: Dadurch, dass ich mein Mindset geändert habe, bin ich zu einer natürlich schlanken Person geworden. Zu der Person, die ich früher selbst immer beneidet hätte.

Es geht allerdings nicht um mich, sondern darum, dass auch *du* endlich deinen täglichen Waagen-Terror beendest und deine Ziele erreichst. Wenn du mehr beziehungsweise genauer wissen willst, wie diese Veränderung konkret bei dir aussehen kann, freue ich mich auf deine Nachricht.

Nehmen wir an, du hättest ein Gewichtsthema. Welcher Text schlägt eine stärkere Brücke zu dir? Es geht nicht darum, ob du dich mit allem zu 100 Prozent identifizieren kannst, sondern bei welchem du mehr Bilder im Kopf hattest. Welcher

Text dich mehr berührt hat. Bei welchem Text du mehr bei *dir* warst.

Es gibt zig Wege der anziehenden Kommunikation, häufig auch Storytelling genannt, und sie würden ein Buch für sich füllen. Das Kapitel ist nicht dazu da, dir anziehende Kommunikation beizubringen, sondern dir deutlich zu machen, dass es *nach* deinem Selbstwert noch die Fähigkeit braucht, ihn zu vermitteln.

Nehmen wir an, du hast deine Glaubenssätze zu Geld verändert und dich in Kundengewinnung verliebt. Du hast deinen Wert erkannt und bist endlich bereit, dich für die neue Stelle zu bewerben, oder du traust dich endlich, Verkaufsgespräche anzubieten und zu führen.

Und du bekommst die neue Stelle nicht. Und der Interessent sagt Nein.

Dann ist es *ganz wichtig,* nicht doch wieder am eigenen Wert zu zweifeln! Du hast *alles* richtig gemacht auf dem Weg hierher. Alles. Jetzt gilt es nur noch zu lernen, die richtige Brücke zu schlagen.

5
NIMM'S NICHT PERSÖNLICH
ODER: DER UNTERSCHIED ZWISCHEN DIR UND DEINEM HANDELN

Sie dürfen nicht alles glauben, was Sie denken.

Heinz Erhardt

Wenn mir jemand sagt, er habe in einem Coaching nicht das bekommen, was er erwartet hatte, dann sage ich: Zum Glück! Schließlich sind Erwartungen immer erfahrungsbasiert. Wir haben sie in unserer Vergangenheit gemacht. Wie genau sollen wir aber neue Erfahrungen machen, wenn wir immer wieder die aus der Vergangenheit hervorkramen?

Ich weiß: Wenn man es schwarz auf weiß liest, klingt es einleuchtend. Doch irgendwie hält sich im Alltag kaum jemand daran. Bei mir war es damals nicht anders. Ich wollte mich auf gar keinen Fall zeigen und mit niemandem irgendwie Kontakt haben, solange der Kaufvertrag nicht abgeschlossen wurde. Insbesondere die Beratungsgespräche hatten Widerstand in mir ausgelöst. Ich dachte damals: »Wie bitte? Ein Gespräch zur Qualifizierung? Wer soll sich denn qualifizieren? Der Kunde bei mir oder ich beim Kunden?« In meinem Kopf zeigten sich Fragezeichen über Fragezeichen. Doch ich stellte mich diesen neuen Erfahrungen, die mein Coaching mir bot. Schließlich wollte ich die Abkürzung zu meinen neuen Ergebnissen.

Im Nachhinein betrachtet machte es auch durchaus Sinn, vorher mit den Leuten zu sprechen, um auch wirklich sicherzustellen, dass man zusammenpasst, und zwar *bevor* es zu einer Zusammenarbeit kommt. Schließlich ging es um eine sehr intensive Zeit mit vielen Kontaktpunkten. Dafür kristallisierten sich folgende Fragen heraus:

- Will ich mit der Person zusammenarbeiten?
- Ist die Person offen für meine (neuen) Ansätze?
- Bin ich die Richtige, also kann ich eine Abkürzung zur Lösung bieten?
- Welchen Mehrwert kann ich bieten?
- Bringt mein Gegenüber die Qualifikationen mit, die ich für eine erfolgreiche Zusammenarbeit brauche (Zeit, Geld, Motivation et cetera)?
- Macht es Spaß zusammen?

Nichts wäre qualvoller als eine Zusammenarbeit, bei der man nicht am selben Strang zieht. Nichts wäre ungünstiger, als wenn man erst nach wochen- oder monatelanger Zusammenarbeit feststellt, dass man eigentlich gar nicht wirklich helfen kann. Vorab Parameter abzustecken, ist für mich der Inbegriff der gegenseitigen Wertschätzung. Hinzu kommt: Dass die richtigen Leute zusammenkommen, hat massiven Einfluss auf den gemeinsamen

Spaß – und besonders auf den späteren gemeinsamen Erfolg. Es erhöht die Chancen, einen glücklichen Kunden hervorzubringen, der entweder noch einmal bei mir kauft oder so zufrieden ist, dass er es weitererzählt. Glückliche Kunden sind das A und O für mich. Das Gleiche gilt übrigens für das Verhältnis zwischen Vorgesetzten und Angestellten.

Natürlich könnte ich auch die Klaviatur der Verkaufspsychologie spielen und mir so Menschen in die Zusammenarbeit holen, von denen ich vorab bereits weiß, dass es nicht das perfekte Match ist – sei es, weil mein Angebot das Problem nur halb löst oder weil etwas anderes nicht passt. Das wäre zu kurz gedacht: einmal Geld erhalten und am Ende noch einen schlechten Leumund on top. Nein, danke!

Meine ersten Gespräche dauerten teilweise zwei bis drei Stunden. Ach herrje, was habe ich versucht, zu überzeugen und zu überreden. Teilweise wurde ich immer unsicherer. Mein Gegenüber führte quasi das Gespräch und *ich* wurde qualifiziert. Mir wurden die ganze Zeit Fragen gestellt, dabei sollte es doch umgekehrt sein. Ich sollte meinem Gegenüber Fragen stellen, um seine Problemstellung wirklich zu verstehen und um herauszufinden, ob ich die Richtige bin. Kurzum: Meine ersten Gespräche waren alles andere als effektiv. Für mich fühlten sie sich einfach nur anstrengend an. Wenn ich dann am Ende auch noch erfolglos war, dann war ich so *richtig* angefressen und nahm es schlicht und ergreifend persönlich. Voller Enttäuschung machte ich der anderen Person innerlich Vorwürfe. Heute weiß ich, dass diese Gedanken mir alles andere als guttaten. Wenn ich anfing, es persönlich zu nehmen, dann verhinderte ich damit mehr und mehr meinen eigenen Erfolg, weil ich mich und meinen Selbstwert immer weiter degradierte.

Anstatt zu sagen: »Hey! *Ich* bin immer noch die perfekte Lösung für Person XY. Nur meine Gesprächsführung war heute nicht so gut, ich konnte meinen Wert nicht optimal transportieren, und dadurch ist es nicht zu einer Win-win-Situation gekommen.« Dafür darf ich lernen, geduldiger zu sein. Besonders darf ich aber auch an meiner Gesprächsführung feilen. Mehr Fragen stellen als Antworten geben. Vorwände besser von Einwänden unterscheiden, und die Einwände behandeln. *Ich* bin immer noch spitze! Ich muss nicht an mir *als Person* zweifeln. Ich darf meine *Fähigkeiten* verbessern.

Das Ganze auf diese Weise zu betrachten, motiviert auch ganz anders, weil man einen Unterschied macht zwischen einem selbst als Mensch und den eigenen Fähigkeiten.

Vielleicht ein Beispiel aus dem Sport: Nehmen wir an, du willst Schwimmen lernen. Jetzt bist du zwei-, dreimal ins Becken gesprungen, sang- und klanglos untergegangen und nur unter größtem Kraftaufwand wieder zum Beckenrand gekommen. Bist du jetzt eine schlechte Schwimmerin? Hast du nicht fest genug daran geglaubt, dass du es schaffen kannst? Stimmt dein Mindset zum Thema Schwimmen nicht? Oder brauchst du vielleicht einfach jemanden, der mit dir trainiert? Mit dir übt? Dich motiviert und dir genau zeigt, wie du dich bewegen musst? Vielleicht trennt dich nach deiner neuen Einstellung zum Schwimmen einfach nur Übung und Wiederholung von deinem Erfolg?

Es ist ein Unterschied, ob du sagst: Ich *kann* noch nicht so gut schwimmen.

Oder: Ich *bin* keine gute Schwimmerin.

Ich möchte dir eine kleine Geschichte aus meinem Familienalltag erzählen. Die Überschrift lautet: Henri und Mama kochen abends in der Küche zusammen. Vor Wut.

Mein Sohn und ich bereiten also gemeinsam das Abendessen zu und irgendwas läuft aus Henris Sicht nicht so, wie es soll. Er haut mich. Nicht weil er ein »böses Kind« ist (das gibt es meiner Meinung nach eh nicht!), sondern weil er müde ist. Total müde und überdreht. Er wusste in dem Moment einfach nicht, wohin mit sich, und so endete es eben darin. Da mir der Schlag aber richtig wehtat, sagte ich im Affekt: »Henri! Das tat richtig weh! Du Blödie!« Eine Hundertstelsekunde später wusste ich bereits: Das hätte ich nicht sagen dürfen! Henri fing direkt an zu weinen und schluchzte richtig: »ICH *BIN* NICHT BLÖD, Mama!«

Wahrscheinlich kann man mein Herz immer noch zerspringen hören. Ich nahm ihn sofort in den Arm und sagte: »Henri, da hast du vollkommen recht! Du bist nicht blöd! Du bist das *tollste Kind* auf der ganzen Welt. *Du* bist nicht blöd. Und dein *Verhalten* war gerade blöd. Es tut mir leid, sehr leid, dass ich das nicht richtig gesagt habe.«

Das verstand er. Sehr gut sogar. Kinder unterscheiden (*noch*) hervorragend zwischen diesen beiden Ebenen: blöd zu *sein* oder sich blöd zu *verhalten*.

Allerdings ist vielen Eltern dieser Unterschied nicht bewusst, weil sie ihn selbst nicht beigebracht bekommen haben. Wenn Kinder dann immer wieder hören, dass sie als Person *XY* sind, dann sind sie irgendwann erwachsen und beziehen alles immer gleich auf sich – und zwar auch, wenn eine Person einfach nur sagt, dass sie gerade nicht bei dir kaufen will.

Es wird immer wieder zu Momenten kommen, in denen dein Gegenüber dein Angebot, deine Bewerbung, dein Produkt oder deine Dienstleistung ablehnt.

Dann darfst du vielleicht noch ein bisschen üben, was deine Kommunikation betrifft. Aber *du* bist und bleibst als Mensch perfekt.

TEIL VIII
DIE NÄCHSTE MILLIONÄRIN VON NEBENAN

1
STUMPF IST TRUMPF
ODER: VON DER UNBEWUSSTEN INKOMPETENZ ZUR UNBEWUSSTEN KOMPETENZ

Nun kennst du die Geschichte, wie sich mein Leben innerhalb von ein paar Monaten um nahezu 180 Grad veränderte. Wie kein Stein auf dem anderen blieb und sich doch alles zum Guten, zum Neuen veränderte. Wie würde man so eine Reise wohl im Reisebüro nennen? Unter welchem Titel stünde sie im Katalog? Sicherlich nicht unter dem Namen »dreiwöchiger All-inclusive-Strandurlaub«. Eher »Survival of the most flexible Mindset«.

Ja, ich habe diese Reise überlebt. Und ja, es hätte genügend Möglichkeiten gegeben, sie vorzeitig abzubrechen, weil mein Kopf immer und immer wieder Amok gelaufen ist. Ich war stets hin- und hergerissen zwischen Hinschmeißen und Dranbleiben. Zwischen »So schlimm ist es auch nicht« und »Umsatz kommt von umsetzen«.

Doch letztlich hat alles dazu geführt, dass ich mich in weniger als einem Jahr Millionärin und in weniger als zwei Jahren Multimillionärin nennen durfte. Das alles mit Kind und Kegel, Haus, Mann und Baustelle. Ob das ohne meine treuen Begleiter

Mindset, Manifestieren, das Gesetz der Anziehung und meine Bereitschaft, zu üben und Schüler zu sein, möglich gewesen wäre? Nun, irgendwas wäre bestimmt möglich gewesen. Aber ich bezweifle, dass DAS möglich gewesen wäre.

Veränderung folgt einem bestimmten Muster: unbewusste Inkompetenz

- bewusste Inkompetenz
- bewusste Kompetenz
- unbewusste Kompetenz

Das beste Beispiel hierfür ist Autofahren.

- *Unbewusste Inkompetenz:* Als Kind sitzen wir im Auto und freuen uns, dass wir von A nach B gefahren werden. Wir sind uns nicht bewusst, dass wir etwas *nicht* können.
- *Bewusste Inkompetenz:* Etwa im Teenageralter wird uns bewusst, dass wir zwar mittlerweile physisch in der Lage wären, Auto zu fahren, es aber trotzdem noch nicht können, weil wir nicht wissen wie. Es wird uns bewusst, dass wir etwas nicht können.
- *Gesteigerte bewusste Inkompetenz* herrscht dann während der ersten Fahrstunden. Wir fragen uns, wie wir das jemals alles gleichzeitig hinbekommen sollen.
- *Bewusste Kompetenz*: Wir machen den Führerschein und haben nun die physischen und geistigen Fähigkeiten, ein Auto zu fahren. Aber wir müssen noch drüber nachdenken, es läuft viel bewusst ab, kostet uns Energie und Aufmerksamkeit.
- *Unbewusste Kompetenz:* Wir können jetzt Auto fahren, ohne dass wir darüber nachdenken müssen. Es ist ins

Unterbewusstsein gesickert und unser Autopilot läuft *für* uns. Ohne bewusst darüber nachzudenken, macht unser Unterbewusstsein genau das, was wir wollen. Autofahren ist für uns mittlerweile etwas völlig Normales. Bei gewohnten Strecken bekommen wir manchmal nicht mal mehr genau mit, was auf dem Weg alles passiert ist, so automatisch, so unbewusst läuft das Ganze ab.

Kurzer Realitätscheck: Die Phase der bewussten Inkompetenz ist stressig. Auf einmal wird einem erst so richtig bewusst, was man alles *nicht* kann. Um bei Autofahren zu bleiben: Hier splittet sich auf, was alles zum Autofahren dazu gehört: Koordination von Händen und Füßen. Koordination von beiden Füßen einzeln. Blickführung. Hinzu kommen teilweise völlig unerwartete Komponenten wie Kinder, drängelnde Autofahrer, kurze Ampelphasen et cetera.

Kurzum: Die Phase findet niemand spitze. Es ist auch genau die Phase, in der die meisten bei ihren Vorhaben auf der Strecke bleiben. Das Zauberwort heißt: Wiederholung! Oder wie ich so gerne sage: Stumpf ist Trumpf.

> *Stell dir vor, wie sich in deinem Gehirn mit jeder Wiederholung neue Verbindungen bilden, während du dich auf den Prozess der Veränderung einlässt und etwas Neues lernst. Bleib dran.*
>
> Carol Dweck

Genau das ist der Unterschied zwischen *Bestellung* und *Bereitschaft*. *Bestellung* ist mein persönliches Optimum. Mindset, Manifestieren und das Gesetz der Anziehung sind vollkommen auf meine Bedürfnisse, Träume und Wünsche eingestellt. Was trennt mich also noch davon, dass meine Träume wahr werden? Höchstwahrscheinlich irgendwelche Selbstzweifel. Doch zum Glück müssen wir nicht warten, bis sich diese Selbstzweifel irgendwann auflösen. Denn es gibt noch die *Bereitschaft*: die stumpfe Wiederholung, das typische »Übung macht den Meister«.

Das ist übrigens nicht zu verwechseln mit harter Arbeit. Denn harte Arbeit fängt in der Regel direkt beim *Tun* an. Bereitschaft fängt beim *Sein* an und geht dann in ein *Tun* über, und zwar so lange, bis sich das *Haben* einstellt. Je stärker, kreativer, intensiver das *Sein* ist, umso kürzer oder auch einfach leichter wird das *Tun*. Irgendwann fühlt es sich nur noch wie Spaß und nicht mehr wie Arbeit an.

2
DIE NÄCHSTE MILLIONÄRIN VON NEBENAN

Vielleicht fragst du dich an dieser Stelle – zu Recht – ob es nicht irgendeine Abkürzung in die bewusste Kompetenz gibt. Du hast Glück, denn es gibt sogar gleich drei. Auf folgende Abkürzungen kannst du zählen:

Mentoring:
Du nimmst dir Menschen (Coaches, Trainer, Berater, Mentoren) an deine Seite, die den Weg bereits gegangen sind, sodass du nicht mehr alles für dich selbst ausprobieren musst.

Nur eins ist teurer als ein Money Coaching. Kein Money Coaching.

Stephanie Raiser

Adaptieren:
Nicht alle Lernprozesse gehen den Weg der vier Kompetenzstufen, das heißt, nicht alle laufen über unser Bewusstsein. Vieles schauen wir uns ab, modellieren oder imitieren es und machen es einfach nach. Wir nehmen also die Abkürzung von der unbewussten Inkompetenz und teilweise auch dem Anfangsstadium der bewussten Kompetenz direkt zur unbewussten Kompetenz.

Der Mensch hat dreierlei Wege, klug zu handeln; erstens durch Nachdenken, das ist das Edelste, zweitens durch Nachahmen, das ist die Eleganteste, und drittens durch Erfahrung, das ist das Schmerzhafteste.

KONFUZIUS

Arbeiten mit dem Unterbewusstsein:
Es gibt so viele Methoden, die Lösung und Heilung im Unterbewusstsein zu unterstützen, sei es NLP (Neuro-Linguistisches Programmieren), Reiki, Hypnose, BodyTalk, Meditieren – die Liste ist nahezu unendlich.

Ich verstehe die Punkte 2 und 3 als großartige Ergänzung zur »Bereitschaft«, denn sie können die Bestellung, der Turbo, der Universumsglitzer in deiner Entwicklung sein. Sie spielen sich allerdings beide im Unterbewusstsein ab. Das heißt, du hast nur bedingt Einfluss darauf, ob, wann und in welche Richtung sich etwas verändert. Das heißt, du planst diese Möglichkeiten mit ein, verlässt dich aber nicht allein darauf.

Punkt 1 ist aus meiner heutigen Sicht sowieso unverzichtbar.

Ich möchte es an dieser Stelle noch einmal wiederholen: Wir bezahlen nicht mit Geld, sondern wir bezahlen mit unserer Lebenszeit, die wir aufwenden mussten, um dieses Geld zu verdienen.

Mit diesem Wissen gewinnt eine Abkürzung noch einmal mehr an Wert.

Abkürzungen ermöglichen dir, viel schneller in die bewusste und unbewusste Kompetenz zu kommen. Dies wiederum ermöglicht dir, schneller an deine finanziellen oder persönlichen Ziele zu kommen und daher schneller ein erfülltes Leben zu führen. Daher ist jede Investition in eine Abkürzung immer unter folgenden Gesichtspunkten zu betrachten:

1. Was kostet mich die Zeit, wenn ich es alleine versuche und es länger dauert?
2. Wie viel Gewinn entgeht mir in dieser Zeit, den ich mit einer bereits erworbenen Kompetenz erreichen könnte?
3. Wie viel mehr Gewinn kann ich erzielen, wenn ich mir Wissen einkaufen kann, statt Erfahrungen selbst zu machen?

Ich habe mir angewöhnt, diese Entscheidungskriterien anzuwenden und mich dabei auf die Einnahmenmaximierung zu fokussieren statt auf die Kosten.

Erfüllt und finanziell erfolgreich als Frau, Mama und Unternehmerin ist möglich. Und es ist keineswegs etwas Besonderes. Dich trennen, wenn überhaupt, nur irgendwelche überholten Glaubenssätze zu Geld, Verkaufen, Rollenbildern und Zeit von deinem Wunschleben. Glaubenssätze, die du dir selbst nicht ausgesucht hast. Glaubenssätze, die sich nicht mal die selbst ausgesucht haben, die sie heute noch vertreten.

Millionärin zu sein, ist kein irrationaler Wunschglaube. Und schon gar nicht ist es das, was die Vorurteile uns weismachen wollen. Lass uns gemeinsam mit dem Porsche nebeneinander auf dem Familienparkplatz beim Supermarkt stehen. Lass uns gemeinsam morgens auf den Kindersachenflohmarkt gehen, um uns überraschen zu lassen, was wir so finden. Und lass uns dann abends gemeinsam im Zwei-Sterne-Restaurant die Karte rauf- und runterbestellen.

Millionärin von nebenan ist das, was *du* daraus machst. Geld verdirbt nicht deinen Charakter. Es verstärkt ihn. Und ich bin mir sicher, da würde ganz schön viel Cooles zum Vorschein kommen.

Auf dich.

Auf dass *du* die nächste Millionärin von nebenan wirst.

DANK

Dieses Buch ist ein Meisterwerk, von dem ich vor weniger als einem Jahr noch nicht einmal etwas ahnte und das sich binnen kürzester Zeit zu meinem Herzstück entwickelt hat.

Mein tiefster Dank dafür gilt folgenden Personen:

Meiner guten Freundin Claudia Engel, die seit Tag 1 meiner Reise zur Millionärin von nebenan an meiner Seite ist. Die mich noch als die »alte Stephanie« kennengelernt und meine komplette Verwandlung hautnah miterlebt hat. Danke für deinen Humor, all dein Wissen, dass du immer für mich da bist und dass du Konfetti in mein Leben gebracht hast.

Susanne Kreusel, ohne deren Unterstützung, Wortwitz und Schreibbegeisterung ich nie so viele Seiten zustande gebracht hätte.

Kathrin, die mir die Tür zu Mindset und Manifestieren geöffnet hat. Die meine Entwicklung so lange begleitet und unterstützt hat, meine Begrenzungen »ausgehalten« und mir unendlich viel mitgegeben hat.

Dem Team von Dirk Kreuter und Dirk persönlich, der mich einfach dafür bereit erklärt hat, ein Buch zu schreiben. Der all sein Wissen mit mir in einer Aufmerksamkeit und Großzügigkeit teilt, die ihresgleichen sucht.

Allen Mitgliedern, die mit mir in Masterminds waren. Es sind so viele tiefe Freundschaften, ein unbezahlbares Netzwerk und unzählige wirklich verändernde Gespräche daraus entstanden.

All unseren Freunden, für die Neid nie eine Option war. Die (jetzt) wissen, dass Geld nicht den Charakter verdirbt, sondern nur verstärkt, und die unsere Entwicklung und unseren Mut mit uns gefeiert haben. Von denen viele unseren Weg als Inspiration genommen haben, ihr Leben persönlich, beruflich und finanziell ebenfalls extrem zu verbessern. Love you so much!

Meinem Team, das an Kompetenz, Loyalität, Motivation und Umsetzungsstärke nicht zu toppen ist.

Meiner Familie, die mich so liebt, wie bin, mich immer unterstützt und so stolz auf mich ist. Schon immer. Ich liebe euch!

Meinen Schwiegereltern, die beweisen, dass Flexibilität im Denken und im Handeln nichts mit dem Alter zu tun hat, und ohne deren Unterstützung, Aufmerksamkeit und Zeit unser ganzes Leben nicht möglich wäre.

Meinen Kindern, die mir meine Denkrahmen aufzeigen und mich zu einem besseren Menschen werden lassen. Die so ungefiltert sind und mir die Möglichkeit geben, von ihnen genauso viel zu lernen wie sie von mir. Danke, dass ihr mich als eure Mama ausgewählt habt.

Und besonders meinem Partner Lukas, den ich über alles liebe. Den ich dafür bewundere, wie sehr er mir vertraut. Den ich darum beneide, wie sehr er all das in mir sehen kann, was ich wahrscheinlich erst in Ansätzen begriffen habe. Den ich einfach nur drücken könnte, weil er jedem – ob er will oder nicht – von seiner Frau und unserer Geschichte erzählt, weil er so stolz auf mich ist. Der mich in jeder Sekunde sowohl beruflich als auch privat unterstützt. Du bist für mich der beste Papa unserer Kinder und der beste Partner, den ich mir vorstellen und wünschen kann.

Zum Schluss möchte ich all meinen Interessenten und Kunden danken. Ich danke euch für eure Motivation, eure begrenzenden Glaubenssätze, Ängste und Hindernisse zu überwinden. Ich danke euch für euren Mut und euer Dranbleiben, euch das Leben und Einkommen zu erschaffen und euch zu holen, was euer Potenzial hergibt. Euer Vertrauen und euer unfassbar zahlreiches positives Feedback haben mich dazu inspiriert und motiviert, immer weiter zu gehen. Immer besser zu werden. Immer bewusster zu werden.

Die Welt braucht mehr Menschen wie euch.

Ihr alle habt Millionärin von nebenan – und mich – zu dem gemacht, was es heute ist: etwas Großartiges auf dem Weg zu etwas noch Großartigerem.

Danke.

Was ich meinem 18-jährigen Ich raten würde

Dirk Kreuter

»Dirk! Wenn du noch mal 18 wärst, was würdest du tun? Was würdest du deinem 18-jährigen Ich raten?« Diese Frage wurde Bestsellerautor und Top-Verkaufstrainer Dirk Kreuter so oft gestellt, dass er beschloss, dazu ein YouTube-Video aufzunehmen. Die riesige Resonanz führte dazu, dass er darauf basierend dieses Buch schrieb, mit dem Ziel, Orientierung, Handlungshilfen und Leitplanken für beruflichen und privaten Erfolg zu geben – etwas, das in der Schule fast völlig versäumt wird. Hier gibt er wertvolle Hilfestellung zu Persönlichkeitsentwicklung, Karriere sowie finanzieller Unabhängigkeit und zeigt, wie jeder den Grundstein dafür legen kann.

224 Seiten | Hardcover | 19,99 € (D) | ISBN 978-3-95972-345-9

LIVING A SELFMADE LIFE

Torben Platzer

Mit 27 sitzt Torben in seiner 1,5-Zimmer-Bude in Oldenburg und hat bis dahin alles gemacht, was seine Eltern von ihm erwarteten: Abitur und Studium. Dann bricht er aus dem vorgezeichneten Leben aus, um seinen eigenen Weg zu gehen. Er erkennt die Chancen von Internet und Social Media, baut sich selbst zur Marke auf und macht einen Umsatz in Millionenhöhe. In seinem Buch spricht er offen über seine Fehler, Ängste und den Mut, Träume zu leben. Sein Ziel ist, besonders jungen Menschen zu zeigen, dass der Glaube an sich selbst und die konsequente Umsetzung von Ideen sie langfristig auch außerhalb der Systemgrenzen glücklich machen können.

224 Seiten | Softcover | 18,99 € (D) | ISBN 978-3-95972-369-5